실험실로
간
세포

실험실로 간 세포

이지아 지음

오늘의 생명과학을 이루다

몸을 벗어난 생명

질병을 치료하고, 바이오 의약품과 오가노이드를 만드는
실험실 세포의 놀라운 활약

플루토

몸을 벗어난 생명이 실험실에 눌러앉은 사연

다음은 몇 년 전 인터넷에서 돌던 한 블로그의 사진이다. 위쪽 사진은 뇌를 이루는 뉴런(신경세포)이고, 아래쪽 사진은 우주다. 사진 아래에는 다음과 같은 짧은 글이 달려 있다.

"이렇게 신기할 수가! 뉴런과 우주가 똑같이 생겼다니. 우주는 똑같은 모양으로 반복되고 있다. 수없이 확대해도 같은 모양이 나타나는 프랙털 구조처럼 말이다. 인간 뇌의 뉴런은 저마다 하나의 우주이다. 동시에 우리는 거인의 뇌세포를 구성하는 먼지 한 톨이다."

흥미롭지만 여기에 쓰고 싶은 이야기는 아니다. 뉴런과 우주가 같다는 것을 사실로 받아들이기에는 물질은 분자로 이루어졌다는 믿음이 굳어진 지 오래라, 이 주제로는 소설조차 지어낼 수 없다.

사진을 자세히 보자. 위쪽 사진은 쥐의 뇌 뉴런을 형광현미경으로 촬영한 이미지다. 아래쪽 사진은 우주에 분포하는 암흑물질의 밀도에 대한 시뮬레이션이다. 얼핏 보면 둘은 비슷해 보인다. 그러나 '실제로' 우주와 뉴런은 비슷하지 않다. 복잡한 대상을 더 쉽게 이해하도록 단순

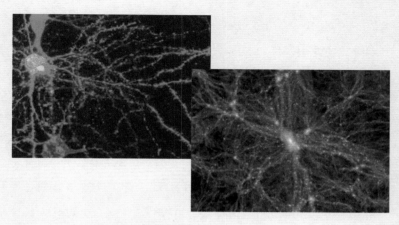

형광현미경으로 촬영한 쥐의 뇌 뉴런(위)과
우주의 암흑물질 밀도 시뮬레이션(아래)

화하는 것도 비유라고 할 수 있다면, 두 이미지는 자연현상에 대한 비유이다. 뉴런은 빨갛지 않다. 뉴런의 핵은 노란색이 아니다. 우주의 암흑물질은 애초에 눈으로 볼 수 없다. 암흑물질의 밀도가 높아진다고 보라색에서 노란색으로 변하지 않는다. 연구자가 연구 결과를 갖가지 색으로 자연현상에 비유하는 이유는 자신의 연구를 다른 사람들이 쉽게 이해하도록 돕기 위해서이다. 그러나 이 이야기를 하려는 것도 아니다.

두 사진에서 감탄할 요소는 뇌와 우주가 비슷하다는 게 아니다. 여기에서 하고 싶은 이야기는 뉴런을 우주처럼 보이도록 가공하는 과정이다(우주를 뉴런 모양으로 시뮬레이션하는 일도 매우 복잡하고 어렵겠지만, 이 과정에 대한 설명은 천문학자에게 부탁할 부분이다). 우리는 모두 뇌를 갖고 있지만, 우리 뇌를 구성하는 뉴런이 어떻게 생겼는지는 직접 볼 수 없다. 그런데도 생명과학자는 뇌 속에 있어야 할 뉴런을 밖으로 꺼내 사진을 찍었다. 그것도 모자라 핵은 노랗게, 가지 부분은 빨갛게 물들였다. 그 모양이 어찌나 선명한지 가지에 나 있는 돌기마저 하나하나 보일 정도이다.

《실험실로 간 세포》에서는 현대 생명과학 실험실이 몸속 생명을 몸 밖으로 가져온 과정과 성과를 소개한다. 수백만 종의 생명 가운데 특히 인간과 인간이 속한 포유류 동물의 생명을 실험실로 끌어온 과정에 대해 이야기한다. 포유류 세포에서 얻은 지식은 인간의 생명 현상을 밝히는 가장 직접적인 단서가 되었다. 실험실에서 포유류 세포를 관찰하고 변형시킬 수 있는 존재로 길들이면서, 인간은 자기 자신을 가장 작은 단위에서 관찰하며 스스로 진화 가능성을 가늠하게 되었다.

생명을 구성하는 세포와 조직, 기관은 몸속에서 완벽하게 제 역할을 한다. 그러나 몸속에 있는 생명은 직접 관찰하거나 조작할 수 없다. 자동차 내부를 뜯어보지 않고 차가 어떻게 움직이는지 알 수 없는 것과 마찬가지이다.

생명과학자는 몸에 담긴 생명 전체를 보는 대신 몸을 구성하는 요소를 조각조각 실험실로 떼어오는 쪽을 택했다. 문제는 생명 조각을 몸에서 떼어내면 그 조각은 즉시 죽어간다는 것이다. 토막 난 산낙지 조각이 몇 분만 지나도 죽은 낙지가 되듯 말이다. 생명과학 실험실은 생명 조각이 몸을 벗어난 후에도 살아 있도록 조성한 곳이다. 과학자들은 실험실에서 몸을 벗어난 생명을 자세히 관찰하고, 입맛에 맞게 생명을 변형하고 재조립했다.

이렇게 실험실에 도달한 '몸을 벗어난 생명'은 본래 몸에 깃든 '완전한 생명'과 다른 존재이다. 자동차 엔진은 차 바깥에서도 엔진이지만, 몸에 있던 생명을 다짜고짜 떼어내면 죽은 살덩어리만 남는다. 생명을 살아 있는 채로 실험실로 옮기려면 인간의 손길과 복잡한 장비가 필요하다. 실험실에서 간신히 살려낸 생명으로 알아낸 지식 덕분에 생명과학은 생명을 관찰하는 수준을 넘어 생명을 기계처럼 조작하는 경지에 오르게 되었다.

1장에서는 몸을 벗어난 세포를 실험실에서 소생하는 과정을 소개한다. 먼지 한 톨 없는 실험대, 크고 작은 기계, 반투명한 액체가 찰랑대는 플라스크, 마스크와 흰색 가운을 입은 연구자까지, '생명과학 실험실' 하면 떠오르는 이미지는 모두 실험실에 도착한 세포를 지키기 위해 만들어졌다.

2장에서는 연구자들이 지켜낸 세포에는 무엇이 있으며, 이들 세포로 무슨 일을 해내는지 이야기한다. 실험실 세포의 활약은 실험실에서 끝나지 않는다. 지금 이 순간에도 세포가 만들어낸 항암제는 환자를 구하고, 성장 호르몬은 아이의 키가 크지 않을까 봐 불안한 부모를 안심시킨다.

3장에서는 유리 속에 갇힌 생명을 촬영하고 다양한 기술로 세포에 색을 입히는 과정을 따라간다. 세포를 실험실에 가두어서 얻은 성과

중 가장 화려한 결실은 앞의 뉴런 이미지 같은 선명한 세포 사진이다. 연구자가 세포를 촬영하는 이유는 예술과는 거리가 멀다. 세포 사진은 세포라는 작은 세계에서 일어나는 생명 현상을 관찰하고, 연구자가 수행한 실험이 성공했는지 확인하는 수단이다.

4장에서는 실험실 세포를 모아 몸을 재현하는 노력을 소개한다. 미니 장기라고도 하는 오가노이드부터 동물의 살덩이를 대체하는 배양육 등이다. 4장에서 소개하는 기술은 아직은 완전하지 않다. 몸속 세포는 자연스럽게 모여 조직과 기관을 구성하지만, 현대 과학 수준에서는 세포를 뭉쳐 조직을 만드는 일도 완전하지 않다. 그러나 이러한 조직 공학 기술은 아직은 알지 못했던 생명의 비밀을 한 꺼풀 벗기고, 지금 생명과학으로는 구하지 못하던 환자들을 살려낼 것이다.

5장에서는 몸을 벗어난 생명으로는 불가능한 연구를 소개한다. 동물을 이용한 생명과학이다. 생명과학에 쓰이는 몸에는 실험실의 마스코트 생쥐를 비롯한 실험동물이 있다. 마지막 절에는 인간을 이용한 연구를 담았다. 인간은 생명과학 실험의 주체이자 목적이지만, 동시에 실험의 대상이 되기도 한다.

이 책을 통해 실험실에는 한 발짝도 들이지 않을 이들에게 현대 생명과학을 '영업'하고 싶다. 현대 생명과학이라는 블랙박스에는 한 번만 실패해도 무위로 돌아가는 실험과 그것을 이루어내는 사람들의 노력이 담겨 있다. 그런데 치열한 노력의 과정은 모르면서 블랙박스가 낳을 결과만 기대하는 사람이 많다. 과정을 모르는 과학은 냉소만 남긴다. 대부분의 발견은 실패로 끝나기 때문이다. 새로운 발견을 했다는 과학 기사에는 '상용화 전까지 이런 기사 올리지 마라' 같은 댓글이 달린다. 이런 댓글을 읽으면 기사의 주인공이 아니더라도 마음이 불편해진다. 생명과학 실험실이 어떤 곳인지 모르는 이들에게 몸에서 벗어난 생명을 다루는 어려움과 한계를 알려주고 싶다. 사람들이 글을 읽고 오늘날 과학자의 노력에 여유를 갖고 응원할 수 있으면 좋겠다. 몸을 벗어난 생명이 어떤 우여곡절을 겪으며 몸으로 돌아오는지 알게 된다면 성격이 급한 사람이라도 과학의 느린 발전에 너그러워질 것이다.

현대 생명과학은 생명과학을 전공하는 학생들에게도 블랙박스다. 교과서 속 '모든 생명을 포괄하는 이론'은 '실험실에서만 가능한 꼼수'에서 나온다. 둘 사이의 괴리감은 실험실에서 장기간 일해보지 않고서는 느끼기 어렵다. 연구자가 아니면 체험하기 어렵기 때문이다. 생명과학 실험실을 훑어본 글을 통해 교과서와 실제 연구 사이의 괴리감을 간접 체험하는 것도 재미있을 것이다. 생명과학 진로를 고민하는 사람에게 이 책이 조금이라도 도움이 된다면 보람차겠다.

마지막으로 하나 더. 암실 안에서 현미경 화면만 노려보며 매일 조금씩 시력을 잃고 있는 과학자들을 대신해 몸을 벗어난 생명을 감상하는 법을 알려주고 싶다. 실험실 생명과학이 만드는 그림은 그 자체로 예술이다. 논문의 삽화로 끝나기에는 아까운 그림이 많다. 안타깝게도 생명과학자들은 반복되는 실험에 무뎌져 자신들이 만든 그림을 감상하는 법을 잊어버린다. 우주를 닮지 않아도 뉴런은 여전히 아름답다.

생명을 꺼내기 전에
알아두어야 할 것들

생명이 피어나는 공간

in vivo와 in vitro

누군가의 삶을 이해하는 첫걸음은 그가 쓰는 언어를 익히는 것이다. 언어를 익히는 첫 단계는 언어에 가장 많이 쓰이는 단어를 아는 것이다. 생명과학자의 삶을 이해하고 싶다면 그들이 쓴 논문을 읽어도 되겠지만, 첫걸음은 가볍게 시작하고 싶다. 딱 두 가지 용어만 알면 된다.

몸을 벗어난 생명은 생명과학자에게 가장 중요한 연구 대상 중 하나이다. 그렇다고 생명과학자가 실험실 세포만 연구하는 것은 아니다. 똑같이 간염 치료제를 연구하더라도 어떤 연구자는 실험실에서 키운 간세포에 약물을 떨어트리고, 어떤 연구자는 간염 환자에게 약을 먹인 후 차도를 확인한다. 생명은 복잡하다. 같은 간세포라도 실험실 간세포

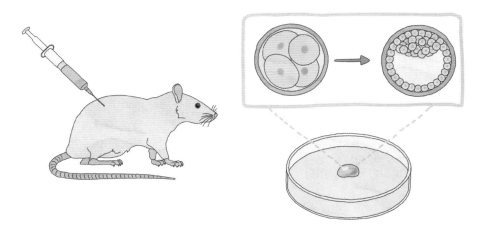

●● *in vivo*와 *in vitro*

와 사람 몸속에 있는 간세포의 반응은 달라진다.

과학자들은 실험이 일어나는 공간을 구분해 라틴어 용어로 표시하기로 합의했다. 몸속 생명인 인비보*in vivo*와 몸을 벗어난 생명인 인비트로*in vitro*이다. 단순히 공간만을 가리키는 용어가 아니다. *in vivo*와 *in vitro*의 생명은 다른 개념이다. '어떤 약물이 *in vivo*상에서 효능을 보였다'와 '어떤 약물이 *in vitro*상에서 효능을 보였다'는 문장은 비슷해 보이지만, 뜻은 전혀 다르다.

*in vivo*는 '생체 내'를 뜻한다. 약물이 *in vivo*상에서 효능을 보였다는 말은 몸속에서 제 기능을 한다는 말이다. 따라서 *in vivo* 실험은 몸에 하는 실험이다. 실험용 쥐나 토끼에 약물을 투여해서 나온 결과는

in vivo 데이터이다. 사람이 약을 먹고 병세가 나아진 것도 *in vivo* 결과이다. 시판되는 모든 약은 *in vivo*로 효능을 검증받은 약이다.

*in vitro*는 보통 *in vivo*의 반대말로 쓰인다. *in vitro*는 '유리 내in the glass'를 뜻하며, 생체 밖에서 하는 실험 조건을 의미한다. 인공 수정 *in vitro* fertilization은 몸속이 아니라 시험관 내에서 아이를 만드는 일이다. 세포 입장에서는 *in vitro*가 당혹스럽다. 본래 세포는 몸을 구성하고 몸속에서 일하기 때문이다. 어떤 세포는 몸 밖으로 꺼낼 수 없다. 일차 배양을 할 수 있거나, 계속 분열해 대를 이을 수 있는 배양세포의 클론인 세포주로 만들 수 있는 세포만 *in vitro*에서 연구할 수 있다.

사회에서 살아가던 사람을 갑자기 무인도로 옮겨놓는다면 어떻게 생존할지 막막해지는 것처럼, 몸을 구성하는 세포를 몸 밖에 똑 떼어놓으면 죽는다. *in vitro*란 그냥 유리판 위가 아니라 몸 밖에 나온 세포가 죽지 않고 몸속에서처럼 기능하도록 환경을 만든 상태이다.

in vitro 환경은 유지하기 어렵다. 세포마다 알맞은 영양분을 주고, 세균이나 곰팡이 같은 오염물질을 막아야 한다. *in vitro*의 세포는 필요한 영양분이 담긴 배지培地, medium(주로 복수형인 media로 쓴다) 안에서만 살 수 있다. 그러나 이것만으로는 부족하다. 세포는 체내 환경과 비슷한 온도와 pH(용액의 산성도, 수소 이온 농도 지수)에서만 살아남으므로 온도와 pH를 맞춘 인큐베이터incubator라는 기계에서만 생존할 수 있다.

in vitro 환경을 만드려면 복잡하고 돈도 많이 든다. 그럼에도 과학자들이 *in vitro* 실험을 하는 이유는 *in vivo*에서 보이는 현상을 해석

하기 어렵기 때문이다. '한 사람은 하나의 세계'라는 말은 생물학적으로도 사실이다. 몸은 복잡하다. 세포는 다른 세포와 상호작용하고 세포와 세포가 모인 조직은 다른 조직과 어울려 기관을 만든다. 몸속 기관이 하나라도 말썽을 부리면 우리는 죽는다. *in vitro*는 생명 현상의 원인과 결과를 확인할 수 있는 가장 단순한 생명 모델이다.

　단순한 생명 모델인 만큼 한계는 있다. 몸을 벗어난 생명으로 확인한 사실은 유리병 연구라는 *in vitro* 딱지를 떼지 못한다. 실험실에서 나온 결과가 생명체에서 온전히 나타나는지 다시 확인해야 한다. 똑같은 실험을 동물실험이나 임상시험에서 재현하는 것이다. *in vivo*에서 하는 실험, 즉 생체 내 결과가 필요하다. 현대 생명과학은 *in vivo*의 생명 현상을 *in vitro*에서 관찰하고 해석한 후, 그렇게 나온 *in vitro* 연구 결과를 *in vivo*에서 재현하고 활용하는 식으로 발전해왔다.

　*in vitro*와 *in vivo* 말고도 여러 가지 실험 용어가 있다. 엑스비보*ex vivo*는 '생체 밖'을 뜻하며, *in vitro*의 특수한 경우이다. 면역학 실험 중 골수세포가 필요할 때는 동물을 죽이고 뼈를 꺼내 골수를 채취해야 한다. 무서운 경험을 한 쥐의 뇌세포를 관찰하기 위해서는 쥐의 뇌를 꺼내어 세포를 분리한다. 방금 전까지 골수에 있던 면역세포나 다른 세포와 연결되어 있던 신경세포라도 잠깐 동안은 살아 있을 수 있다.

　지금까지 한 이야기가 너무 잔인하게 들렸다면 인실리코*in silico*에서 하는 연구도 있다. 라틴어의 뜻을 유추하면 실리콘 안에서 하는 실험이지만, 사실은 컴퓨터 시뮬레이션이다. 컴퓨터를 이루는 반도체의 주성분이 실리콘이라서 이런 용어가 되었다. 컴퓨터 시뮬레이션에 생체 변수를 입력해 세포의 활동을 수학적으로 계산하면, 실제 실험을 하지 않아도 결과를 예측할 수 있다. 사람이나 동물의 희생 없이 결과가 나온다면 환영할 일이나 생물의 복잡함을 계산만으로 100퍼센트 구현할 수 없다. 결국 우리는 *in vitro*와 *in vivo* 실험을 하면서 *in silico*가 발전하기를 기다릴 수밖에 없다.

알아낸 생명과 알아갈 생명
생명과학 전공자는 무엇을 배울까

생명과학 연구실에서 일하는 연구원은 대부분 생명과학 전공자이다. 모두들 연구실에 들어가기 전 비슷한 교과 과정을 밟았으며, 같은 배경지식을 공유한다. 생명과학 교과 과정을 전부 훑을 수는 없으니 이 장에서는 학문의 이름과 연구 대상만 간단히 소개하겠다. 뜬구름 좋는 내용이 재미있게 읽힌다면 대학교에서 생명과학을 전공할 마음가짐은 되어 있는 셈이다.

생명과학 전공자가 대학교에서 제일 먼저 듣는 과목은 세포생물학이다. 세포생물학은 세포의 구조와 세포 안에서 어떤 생명 현상이 일어나는지 집대성한 학문이다. 세포 실험 연구자는 세포생물학 지식을 갖고 세포를 배양하며, 실험실에서 밝혀낸 세포에 대한 사실들은 세포생물학 교과서를 무한정 두껍게 만들었다.

세포보다 아래 단계에는 분자생물학이 있다. 분자생물학에서 말하는 분자는 유전물질인 DNA와 주변 물질이다. DNA 정보 일부를 옮기는 RNA, 유전물질에서 발현하는 단백질 등이 여기에 속한다. 실험실에서는 형광현미경을 이용해 세포 내 분자 물질의 존재를 간접적으로 확인한다. 분자 물질의 구조를 직접 보고 싶을 때는 전자현미경을 이용한다. 분자 단위의 물질은 생물보다는 화학 법칙에 따라 움직인다. 생물학 전공자들이 생화학을 공부하며 분자식과 에너지 공식에 끙끙대는 이유이다. 세포 내부에서 일어나는 현상은 분자를 단위로 하기에 세포생물학과 분자생물학을 합쳐 분자세포생물학이라고 부르기도 한다. 생물학에서 세포와 세포를 구성하는 물질을 모르면 연구를 할 수 없다. 생명에 이름을 붙이는 분류학이나 생명의 관계를 좇는 생태학도 이제는 분자세포생물학 지식을 바탕으로 한다.

분자세포생물학은 유전학과도 뗄 수 없다. 유전학은 부모의 특성이 어떻게 자식에게 전달되는지 연구하는 학문이다. 개체 차원에서 유전을 연구하던 시절도 있었다. 유전학의 아버지 그레고어 멘델은 완두콩으로 유전 법칙을 찾아냈다. 20세기 중반 DNA가 유전물질임이 밝혀진 이래 유전학의 연구 단위는 세포가 되었다. DNA가 세포의 핵에 한 세트씩 존재하기 때문이다. 이제 유전학은 세포 하나의 유전 정보 전체를 서열 단위로 해독하는 수준에 이르렀다. 유전학을 산업에 활용하는 유전공학도 함께 발전했다. 유전공학으로 무장한 연구자는 세포를 몸이 아니라 공장에 맞추어 조작해낸다. 바이오 회사 공장의 배양기에서 살아가는 세포는 단백질 의약품처럼 구조가 복잡하고, 사람에게 필요한 물질을 생산해낸다.

세포 하나가 몸이 되는 과정을 연구하는 학문이 발생학이다. 사람의 몸은 30여 조 개의 세포로 되어 있는데, 모든 세포가 하나의 수정란에서 나왔다. 설명서를 보고 조립하라고 해도 손조차 못 댈 만큼 복잡한 과정이 엄마의 배 속에서 저절로 일어난다. 초창기 발생학은 성게알이나 개구리알을 관찰하며 발전했지만, 현대 발생학은 사람을 포함한 포유동물의 세포를 이용한다. 지금도 과학자들은 세포 하나하나를 추적하며 발생이 어떻게 일어나는지 연구하고 있다.

생리학은 그렇게 발생한 몸이 어떻게 기능하는지 연구하는 학문이다. 몸의 각 기능을 설명하는 학문이라서 분자세포생물학보다 실생활과 가깝다. 생리학을 뒤집으면 병리학이다. 생체의 기능이 드러나는 순간은 기능이 제대로 발휘되지 않을 때이기 때문이다.

생명과학은 생명 현상을 여러 층위에서 살펴본다. 분자세포생물학은 생명을 세포 안팎에서 일어나는 현상으로 보고, 생리학이나 병리학이 개체 단위의 생명 현상을 연구한다면 개체의 종류를 나누는 분류학이나 개체의 행동 양상을 연구하는 행동학 같은 학문도 있다. 더 높은 층위로는 생명과 환경의 상호작용을 연구하는 생태학도 있다. 2021년 타계한 생물학자 에드워드 윌슨은 심리학이나 사회학 같은 사회과학도 생명과학의 일종으로 간주했다. 월슨의 말에 동의하지 않더라도 생명과학의 영역은 여전히 넓다.

생명과학의 연구 분야가 이렇게 다양하니 학생들은 전공 안에서도 경험할 거리가 많다. 연구에 관심 있는 학생이라면 4~5년간 여러 학문을 두루 맛본 후 제일 관심 가는 분야의 연구실로 입학할 것이다. 그렇게 똑같은 생명과학 대학원생이라도 누구는 실험실에서 몸을 벗어난 생명을 부여잡고, 누구는 캠퍼스 곳곳을 누비며 방아깨비를 채집하러 다니게 된다.

이 장에서 소개한 지식을 알아야만 연구자가 될 수 있는 것은 아니다. 생명과학 연구자 중 생명과학 교과 과정을 달달 외운 사람은 장담컨대 아무도 없다. 누군가 이미 밝힌 영역을 공부하는 것과 아무도 모르는 영역을 개척해나가는 것은 전혀 다르다. 연구는 지식의 전경과 배경을 따로 두는 일이다. 오늘날 연구자에게 필요한 지식은 넓이보다는 깊이다. 그들에게 필요한 역량은 누군가 정리해둔 백과사전식 지식을 외우는 능력이 아니라 오늘 나온 논문을 챙기는 호기심과 성실함이다.

1장

몸을 벗어난 생명 키우기

세포를 키우는 장소
인큐베이터와 클린 벤치

세포도 생명이기에 세포 배양은 집에서 강아지를 키우는 일과 다르지 않다. 강아지와 행복하게 사는 첫 단계는 강아지에게 제때 먹이를 주고 배변 패드를 갈아주는 것이다. 세포 배양도 세포에 영양분을 공급하고 노폐물을 제거하는 일에서 시작한다. 전문 펫 시터가 강아지를 돌보러 의뢰인의 집에 방문하듯 연구자는 세포를 돌보러 실험실에 간다. 모두가 쉬는 주말, 어김없이 직장에 가는 두 사람에게 무슨 일로 출근하냐고 물으면 똑같은 대답이 나올 것이다. "밥 주러 간다."

다른 점도 있다. 보호자와 강아지는 밖으로 산책을 나가지만, 연구자는 실험실에서 세포를 꺼내 실험을 한다. 산책이 강아지를 위한 일이라면 세포 실험은 연구자의 궁금증을 채우는 일이다. 개가 동물의 무리를 벗어나 인류의 식구가 된 지 수만 년이 넘었다. 세포가 몸을 벗어나 실험실에 온 지는 이제 겨우 100년이 넘었다. 강아지에게는 주인의 체취가 남은 집이면 충분하지만, 세포가 살아가기에 실험실이라는 세상은 아직 가혹하다.

생명과학 실험실은 '세포 배양실'을 따로 둔다. 세포가 건강하게 살아가도록 하려면 다른 분야의 실험실보다 준비할 것이 많기 때문이다. 세포 배양실은 외부인이 출입할 수 없고, 내부인이라도 실험복을 입고 신발을 벗은 뒤 들어가야 한다. 세포 배양실에 들어가면 벽을 따라 두세 층으로 쌓인 네모난 기계와 뚜껑 달린 책상이 나란히 놓여 있다. 각각 인큐베이터와 클린 벤치clean bench라는 기기이다.

세포는 배양접시째로 인큐베이터에서 살아간다. 인큐베이터는 세포가 무탈하게 살아가도록 환경을 유지하는 장치이다. 소형 냉장고처럼 생긴 인큐베이터는 온도 유지 장치라는 점에서도 냉장고와 비슷하다. 내벽에 살얼음이 생길 정도로 추운 냉장고와 다르게 인큐베이터는 항상 세포가 살 수 있는 온도로 맞춰져야 한다. 세포가 잘 자라는 온도는 체온과 비슷한 섭씨 35~37도다. 사람은 뇌에 있는 온도 조절 장치 덕분에 사시사철 섭씨 36.5도를 유지하지만, 몸을 벗어난 세포는 스스로를 데우거나 식힐 수 없다. 인큐베이터는 몸 구석구석을 데우는 혈액처럼 세포에 딱 맞는 맞는 온도를 제공한다.

세포 배양실 안 인큐베이터는 배양접시 주변의 이산화탄소 농도

●● 세포가 자라는 환경을 만드는 인큐베이터

를 유지하는 장치이기도 하다. 수많은 기체 가운데 왜 이산화탄소 농도를 유지해야 하는지 의아할 수 있다. 이산화탄소의 다른 이름은 탄산가스이다. 이산화탄소는 물에 녹으면 산이 된다. 인큐베이터 안을 채우는 이산화탄소는 배지의 pH를 알맞게 유지하는 역할을 한다. 세포를 담고 키우는 액체인 배지에는 pH가 쉽게 바뀌지 않도록 하는 완충 용액buffer solution이 들어 있는데, 배지 주변으로 이산화탄소 농도가 짙어야 제 기능을 할 수 있다.

인큐베이터 내부의 이산화탄소 분압(부분 압력)을 맞추기 위해서는 이산화탄소가 많이 필요하다. 인큐베이터에 필요한 이산화탄소 분압은 세포와 배지마다 다르지만 대략 3~5퍼센트이다. 대기 중 이산화탄소 농도의 100배 정도이니 이산화탄소를 꾸준히 넣어주어야 한다. 실험실에서는 LPG 가스통처럼 생긴 탄산 가스통을 사용한다. 가스통에 달린 압력 게이지를 확인하고 기압이 떨어질 때마다 탱크를 바꾼다. 탄산 가스가 떨어지지 않도록 관리하는 것도 연구자의 일이다.

행여나 이산화탄소가 다 떨어지면 인큐베이터가 삑삑 울려대며 실험실에 비상사태를 선언한다. 잠깐 이산화탄소가 부족하다고 해서 당장 세포가 죽는 건 아니다. 그러나 실험으로 나온 결과가 연구자가 넣은 시약 때문인지, 잠시 인큐베이터에 이산화탄소가 부족했기 때문인지 구별할 수 없다면 결과가 어떻게 나오든 간에 쓸 수 없다. 인큐베이터의 첫 번째 역할은 세포의 생존이지만, 동시에 세포 주변 환경을 통제하는 것이기도 하다.

인큐베이터는 스테인리스나 구리 제품이 많다. 스테인리스는 생활 곳곳에서 쓰이는 금속이라고 해도, 인큐베이터를 열었는데 붉은 구리판이 보이면 왜 하필 구리로 인큐베이터를 만들었는지 궁금해진다. 더욱이 구리 인큐베이터는 스테인리스 인큐베이터보다 비싸다. 그럼에도 구리 인큐베이터를 쓰는 이유는 실험실에선 내부인이라도 신발을 벗고 출입해야 하는 이유와 같다. 엘리베이터 버튼에 항균 구리 필름이 덮인 모습을 본 적 있다면 눈치챘을 것이다. 구리 필름에는 항균 작용이 있다.

본격적인 실험은 인큐베이터에서 세포를 꺼내 클린 벤치로 옮기면서 시작된다. 클린 벤치는 직역하면 '깨끗한 자리'이다. 실험 용품 판매 회사가 카탈로그에 쓰는 명칭은 층류 캐비닛이지만, 아무도 이렇게 부르지 않는다. 클린 벤치는 세포와 연구자만을 위한 무균 장소이다. 강아지가 자유롭게 뛰어다니려면 운동장만 한 놀이터가 필요하듯, 손바닥만 한 배양접시 하나를 보는 데 책상 크기의 공간이 필요하다.

클린 벤치는 실험하는 공간을 ㄷ자로 막고 위에 공기청정기를 단 구조이다. 실험대 외부의 양옆과 뒤는 벽이고, 앞에는 유리로 된 미닫이문이 있다. 실험대 내부에는 형광등과 자외선 램프가 달려 있다. 실험을 하지 않을 때는 자외선 램프가 클린 벤치 내부를 살균한다. 실험실에 따라 다르지만, 보통 램프를 30분 정도 켠 후에는 자동으로 꺼지도록 설정한다. 관리가 철저한 실험실에서는 클린 벤치 실험을 하기 전에 자외선 램프를 몇 분 동안 미리 켜두기도 한다. 실험을 할 때는 자외선 램프를 끄고 내부 형광등을 켜서 빛을 조절한다.

클린 벤치에서 세포를 만나기 위해서는 여러 단계가 필요하다. 먼저 팬 전원을 켜서 벤치에 깨끗한 공기가 들어오도록 한다. 바깥 공기에는 미생물과 먼지가 가득하다. 기기 내부에 있는 필터가 공기를 거르면 깨끗한 공기만 벤치 내부로 들어간다. 연구자는 팬이 충분히 돌아서 클린 벤치 내부가 깨끗한 공기로 가득 찰 때까지 기다린다. 시간이 되면 연구자는 유리문을 열고 실험대 내부를 70퍼센트 에탄올로 깨끗이

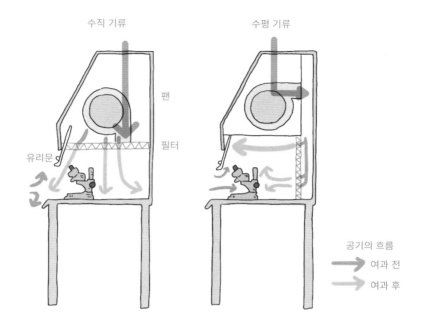

수직 기류　　　　　수평 기류

팬

필터

유리문

공기의 흐름
여과 전
여과 후

●● 수직 기류 클린 벤치와 수평 기류 클린 벤치의 공기 흐름

닦은 후 세포를 맞이한다. 인큐베이터에 있던 배양접시를 클린 벤치 내부에 놓으면 준비는 끝난다. 연구자는 이 모든 과정이 끝난 다음에야 유리문 너머로 손을 뻗어 실험을 시작한다. 왜 이렇게까지 해야 하는지는 다음 장에서 설명하겠다. 세포 실험에서 발생하는 오염은 연구의 성패를 좌우하므로 자세히 설명할 가치가 있다.

　　클린 벤치는 실험대 내부 공기가 흐르는 방식에 따라 수직 기류 vertical flow 벤치와 수평 기류horizontal flow 벤치로 나뉜다. 클린 벤치 대부분은 수직 기류 벤치이다. 수직 기류 벤치는 공기가 실험대 한가운데에 수직으로 내려온다. 그러면 앞의 그림처럼 실험대 중앙에 공기로 된 벽이 생긴다. 유리문을 높이 열어도 공기로 된 벽이 생기므로 오염물질이 실험대 안으로 들어오지 않는다. 덕분에 현미경 같은 큰 실험 도구를 넣고 작업할 수 있다.

그러나 수직 기류 벤치에도 클린하지 않은 면이 있다. 배양접시의 뚜껑 아래나 연구자의 손처럼 세포 바로 위 공간에 오염물질이 떠다닌다면, 오염물질이 공기의 흐름을 타고 곧장 세포에 닿을 수 있다. 수평 기류 벤치는 이런 오염으로부터 상대적으로 안전하다. 수평 기류 벤치는 실험대 뒤에서 흐른 공기가 앞으로 나오는 구조라서, 연구자의 손에 오염물질이 있더라도 수평으로 부는 바람을 타고 실험대 바깥으로 나온다.

원리만 보면 수평 기류 벤치가 더 안전할 것 같은데, 실험실에서는 수직 기류 벤치를 더 많이 쓴다. 왜 그럴까? 실험실은 깨끗할지언정 깔끔한 장소는 아니기 때문이다. 연구자들은 매일 에탄올로 실험실을 닦지만, 실험대 위에 어지러이 놓인 실험 도구는 한 달이 지나도록 그대로 있기 마련이다. 클린 벤치도 마찬가지이다. 클린 벤치 내부에는 실험할 때마다 옮겨오는 배양접시 말고도 빈 배양접시나 일정한 부피의 액체를 옮기는 데 사용하는 피펫pipette이 놓여 있다. 잡동사니가 가득한 클린 벤치에 수평으로 바람이 불면 난류가 생겨 오히려 더러운 외부 공기가 유입될 수 있다.

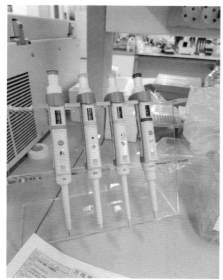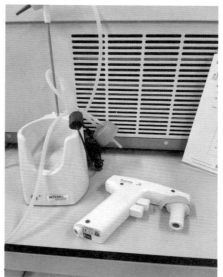

●● 액체를 옮기는 실험 도구인 피펫

　　수직 기류 벤치를 쓰든 수평 기류 벤치를 쓰든 클린 벤치 내부의
공기는 연구자가 있는 바깥 방향으로 향한다. 둘 다 외부 환경으로부터
세포를 지킬 수 있지만, 세포로부터 연구자를 지킬 수는 없다. 세포로
부터 연구자를 지킨다니, 인큐베이터만 나와도 시들시들 죽어가는 세
포가 감히 연구자를 위협할 수 있을까? 할 수 있다. 생명과학자는 질병
치료법을 찾기 위해 질병을 직접 다루어야 한다. 코로나바이러스 감염
증19(이하 코로나19)나 에볼라바이러스의 감염 기전을 연구하는 과학자
들은 바이러스를 직접 옮기고 세포에 감염시켜야 한다. 클린 벤치에서

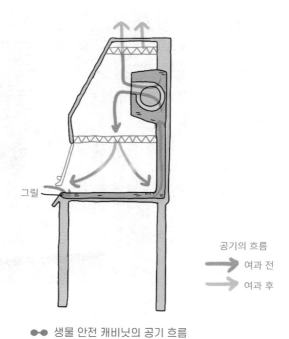

그릴

●● 생물 안전 캐비닛의 공기 흐름

실험하고 연구를 하다가 바이러스가 바람을 타고 나와 연구자를 감염시킬 수 있다. 에볼라 같은 치명적인 바이러스가 아니어도 실험실에서는 생물의 유전자를 조작하기 위해 바이러스를 도구로 사용한다. 실험 도구로 쓰는 바이러스는 실험실 속 세포에서만 작동하도록 만들지만, 혹시나 연구자의 몸으로 들어가 호흡기 세포와 만난다면 어떤 일을 벌일지 알 수 없다.

이런 경우에는 생물 안전 캐비닛Biological Safety Cabinet, BSC을 사용한

다. BSC는 클린 벤치와 비슷하게 생겼지만, 구조와 내부 공기의 흐름이 다르다. BSC에는 유리문 바로 아래에 공기가 빠져나가는 그릴이 달려 있다. 실험대 앞을 흐르는 공기는 그릴 속을 따라 실험대 내부로 들어간다. 내부로 들어온 공기는 필터를 통해 무균 상태로 걸러진 후 실험대 밖으로 나간다. 세포도 안전하고 연구자도 덜 찜찜하지만, 클린 벤치보다 구조가 복잡하고 비싸다. 또한 그릴 위에 물건을 올려두면 구멍을 막아 공기의 흐름이 깨져서 BSC의 기능을 제대로 하지 못한다. BSC에서 연구자가 팔을 넣는 유일한 틈은 유리문 아래로 열린 좁은 공간이다. 클린 벤치는 바닥에 팔을 놓을 수 있지만, BSC는 유리문 아래에 그릴이 있으니 팔을 내려놓을 수 없다. 그래서 BSC를 쓸 때는 팔을 든 채로 실험해야 한다. 강아지를 산책시킬 때 보호자의 다리가 고생한다면 BSC 세포 실험은 연구자의 팔이 아프다.

세포에게 밥 먹이기
배지의 기능과 조성

세포 배양과 강아지 키우기는 비슷해 보이지만 다른 점도 많다. 강아지와 산책할 때는 강아지를 따라 풀쩍풀쩍 뛰어가면 되지만, 세포를 클린 벤치로 데려올 때는 살얼음판을 걷듯 종종대며 걸어야 한다. 인큐베이터에서 클린 벤치까지는 세 걸음보다 가깝지만, 배양접시에 담긴 배지가 찰랑거리다 흘러넘칠 수 있기 때문이다.

세포는 배지 안에서 자라며 죽기 전까지 배지를 벗어나지 못한다. 배지는 몸을 벗어난 세포를 둘러싼 인공 환경이다. 세포는 배지의 영양분을 흡수하고, 배지에 노폐물을 내놓는다. 인큐베이터의 팬은 바람을 뿜으며 배지를 데우고, 세포는 배지에 잠긴 채 따뜻한 온도를 즐긴다.

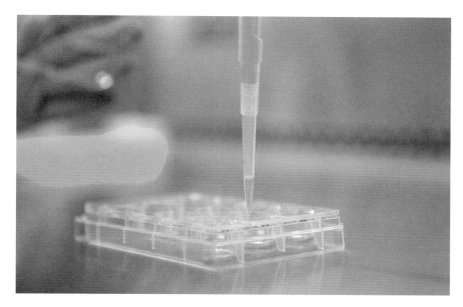

●● 배지를 피펫으로 배양접시에 담는 모습

　세포를 배양할 때는 주로 액체 배지를 쓴다. 액체 배지는 배양접
시나 플라스크에 담긴다. 배양접시는 세포를 키우는 손바닥 하나만 한
플라스틱 접시이다. 플라스크는 만화 속 매드 사이언티스트들이 엄지
와 검지로 목을 잡고 흔드는 원뿔 모양 병이다. 세포는 70퍼센트가 물
이다. 주변을 적시던 물이 사라지면 세포는 몇 분 안에 말라 죽는다. 세
포는 파도 한 점 치지 않는 잔잔한 배양접시에서 바닥에 붙어 자라는
것이 일반적이지만, 혈액세포처럼 본디 액체 속을 흐르던 세포는 빙글
빙글 돌아가는 플라스크 속에서 배지와 함께 휩쓸리며 자라기도 한다.

배양접시 바닥에서 자라는 세포는 납작해진다. 세포의 모양이 중요할 때는 촉촉하고 말랑말랑한 젤 타입으로 된 배지에 세포를 가두어 키우기도 한다.

최초이자 최적의 배지는 혈액의 주요 성분인 혈청serum이다. 혈청이란 혈액에서 백혈구와 적혈구 같은 혈구세포와 혈액 응고 단백질을 거르고 남은, 붉지도 걸쭉하지도 않은 누런 액체다. 혈청은 세포 배양 초창기부터 쓰였으며, 오늘날에도 세포를 잘 키우는 만능 배지로 쓰이고 있다. 세포는 몸과 비슷한 환경일수록 더 잘 자라기 때문이다. 혈액에는 세포가 사는 데 필요한 모든 물질이 들어 있다. 호흡에 필요한 산소와 pH를 조절하는 완충 물질부터 소화 기관에서 얻은 영양분, 내분비샘에서 나온 호르몬, 곳곳의 신호 전달 단백질까지 몸에 필요한 모든 물질이 혈액을 타고 온몸으로 퍼진다. 혈액은 노폐물을 수용하는 능력도 좋다. 우리 몸에서 생긴 노폐물은 혈액에 모인 후 배설 기관으로 이동해 몸 밖으로 나간다. 혈액에는 웬만큼 노폐물이 쌓여도 pH가 변하지 않도록 해주는 완충 물질이 들어 있다. 몸에서 꺼낸 세포도 신선한 혈액에 담가두기만 하면 그 세포는 몸속에 있을 때와 비슷하게 잘 자랄 것이다.

혈액이 생겼다고 해서 그대로 세포 배양에 사용할 수는 없다. 혈액에 있는 혈구세포를 걸러내고, 응고 단백질도 없애야 한다. 응고 단백질이란 피부에 생채기가 났을 때 피딱지를 만들고, 선지처럼 피를 응고시키는 단백질이다. 혈액에서 세포를 배양할 때 필요 없는 혈구세포와 응고 단백질을 없애면 혈청이 남는다.

혈청을 만드는 방법은 간단하다. 몸에서 혈액을 뽑아낸 후 그냥 두면 혈구세포와 응고 단백질이 알아서 뭉친다. 혈구세포와 응고 단백질이 뭉친 붉은 덩어리를 혈병이라고 한다. 이 혈병만 제거하면 누런색 혈청이 된다.

혈청이 세포를 키우는 최적의 배지인 것은 맞지만, 연구자 입장에서 혈청이 최선의 선택은 아니다. 몸속에 있는 세포를 굳이 몸 밖으로 꺼내는 이유는 연구를 하기 위해서이다. 연구는 '변인 통제'가 중요하다. 즉 세포 실험 시 모든 세포는 같은 조건에서 자라야 한다. 실험 결과를 비교할 때 온도, pH, 영양분 등 세포 주변 환경은 최대한 같아야 한다. 주변 환경이 같다는 조건 아래 세포에 약을 넣거나 넣지 않는 것 같은 처치에 따라 실험 결과가 바뀌는지, 바뀌지 않는지 명확하게 구별되어야 한다. 이상과 현실은 다르므로 오차는 조금씩 생기겠지만, 그런 오차를 최소한으로 줄이는 것이 연구자의 의무이다.

그런데 혈청은 변인 통제가 불가능한 물질이다. 혈액은 동물의 몸 상태에 따라 성분이 달라지기 때문이다. 어떤 사람이 어제저녁에 고기를 먹었다면 오늘 그의 몸속 혈액에는 아미노산이 늘고, 조금 전까지 운동을 심하게 했다면 지금 혈액에는 평소보다 젖산이 더 많이 흐른다.

혈액에 무엇이 들었는지 모조리 알아낸다면 모든 성분이 동일한 '표준 혈액'을 만들 수 있을지도 모른다. 아직도 과학은 혈청에 무슨 물질이 들어 있는지 정확히 알아내지 못했다. 실험에 쓰이는 물질을 '시료'라고 하고, 시료 속에 어떤 물질이 들어 있는지 파악하는 것을 '검출'이라고 한다. 검출은 검출할 물질이 무엇인지 정확히 알고, 그 물질이 일정 농도 이상 있을 때만 할 수 있다. 게다가 검출을 할 때마다 시료의 일부를 잃는다. 사람들이 상상하는 과학 기술은 새끼손가락에서 추출한 피 한 방울에서 50년 후 걸릴 질병을 알아내는 것이다. 그러나 어떤 액체 안에 무엇이 들어 있는지 일일이 알아내는 분석 방법은 존재하지 않는다.

극단적인 예시가 광우병이다. 연구에 제일 많이 쓰이는 혈청은 소 태아 혈청Fetal Bovine Serum, FBS이다. 그런데 혈청을 추출한 소가 광우병에 걸렸는지 알 방법이 없다(무시무시하게 들리겠지만, 광우병에 걸렸는지 알 수 없는 건 냉장고 속 소고기도 똑같다). 혈청에는 있는지 없는지도 모를 수많은 물질이 들어 있다. 이런 물질은 검출할 수 없어서 더욱 통제할 수 없다. 따라서 혈청은 세포의 배양 환경은 중요하지 않고, 아무튼 세포가 잘 살기만 하면 되는 경우에만 쓸 수 있다.

과학자들은 이 같은 혈청의 불확실성을 받아들이지 못했다. 오늘의 실험 결과가 내일도 똑같이 나오고, 내 실험 절차가 옆 실험실에서도 통하기 위해서는 배지 성분이 표준화되어야 했다. 수많은 학자가 세포가 자라는 데 필요한 물질을 찾기 위해 혈액의 성분을 분석하고 연구했다. 세포가 혈청 속에서 잘 자란다는 의미는, 혈청에 들어 있는 수천 가지 단백질 중 무언가가 세포의 생존에 필요하다는 것이다. 연구자들은 체액과 같은 농도로 만든 생리식염수에서 시작해 혈청에 있던 영양물질을 하나씩 담으며 혈청의 대용품을 만들어나갔다.

시간이 지나면서 혈청 제조 과정도 엄격해졌다. 1950년대에는 혈청이 필요할 때마다 신문 광고를 내서 지원자를 받았다. 이제는 동물을 도축한 후 혈액을 받아 무균 공장에서 여과해 만든다. 제조가 끝난 후에도 여러 가지 병원균 검사를 거친다. 애석하게도 이 모든 과정이 세포 실험의 비용을 늘렸다. 2022년 기준 소 태아 혈청은 500밀리리터에 60만 원이 넘는다. 앞으로 기후 위기로 소 농장 면적이 줄면 혈청의 가격도 더 오를 것이다.

이제는 실험실 세포의 수만큼 배지의 종류도 다양해졌고, 대부분 세포를 혈청 없이 키울 수 있게 되었다. 오늘날 배지에 혈청을 넣을지, 넣지 않을지는 실험 목적과 비용에 따라 결정할 문제이다.

반세기 전 연구자들이 들인 노력 덕분에 오늘날 연구자는 세포에 필요한 영양분을 담은 '기본 배지'를 사용한다. 기본 배지는 냉면 육수와 같다. 암세포처럼 잘 자라는 세포는 혈청이 없는 기본 배지만 사용해도 잘 자란다. 평양냉면을 좋아하는 사람이 밍밍한 육수를 그릇째 비우는 것처럼 말이다. 상황에 따라 대량생산된 육수에 마법의 소스를 조금 넣어 간을 맞추듯, 기본 배지에 혈청을 조금 섞어 세포를 키우기도 한다. 여전히 혈청에 대해서는 잘 알지 못하지만, 전체 배지의 대부분이 기본 배지이니 영양분의 비율은 표준화한 셈이다.

지금도 사용 중인 유명한 배지 몇 가지를 소개한다. 1959년 미국의 의사 해리 이글과 이탈리아 출신 미국인 과학자 레나토 둘베코는 각각 이글의 최소 필수 배지Eagle's Minimum Essential Medium, MEM와 둘베코식 변형 이글 배지Dulbecco's Modified Eagle's Medium, DMEM를 개발했다. 7년 후에는 면역세포를 키우기 위한 RPMI 1640 배지도 개발되었다. 발명자의 이름을 딴 다른 배지와 다르게 RPMI 1640은 배지를 개발한 로즈웰 파크 연구소Roswell Park Memorial Institute의 첫글자를 조합해 만들었다. 이들 기본 배지의 성분은 60년간 그대로이다. 만능줄기세포를 키우는 배지의 이름은 에센셜 에잇Essential 8(보통 E8이라고 부른다)이다. 줄기세포 배양에 꼭 필요한 성분 여덟 가지만 담았다는 의미이다. 생명과학 학회에 가면 실험 재료 회사에서 자신들이 제조한 배지를 홍보한다. 상표와 병 모양은 달라도 성분은 모두 같다.

제약회사에서 일하며 배지 할아버지와 버퍼 할머니의 신화를 들었다. 외국 연구소에서는 나이 든 연구원이 은퇴하는 대신 짧고 단순한 업무를 맡아 죽을 때까지 일할 수 있다는 이야기였다. 실험실에서 일회용 플라스크에 라벨을 붙이며 어딘가에 있을 연구소를 상상하곤 했다. 20년 전 신약 개발을 전두 지휘했지만 지금은 일주일에 하루만 회사에 나와 배지를 만드는 할아버지나, 회사의 기반이 된 세포를 연구한 과거를 묻고 오전에만 완충 용액을 만들고 퇴근하는 할머니 말이다. 그런 연구소에서 일한다면 말단 연구원 생활이 힘들어도 다닐 맛이 나겠다는 생각을 했다. 실험이 잘 안 될 때면 인생 선배에게 위로받을 수도 있을 것이다. 끝없는 승진을 선택하는 대신 실험실의 작은 일을 선택한 분들이니 회사의 높은 사람들처럼 꽉 막힌 부류도 아닐 것이다.

내가 다니던 회사는 배지 할아버지가 일할 만큼 오래된 곳은 아니었다. 배지 제조는 말단 연구원의 몫이었다. 제약회사에서 배양하는 세포에는 혈청을 사용할 수 없다. 이곳의 최종 생산물은 사람에게 쓰이기에 제조 과정에서 들어가는 모든 성분이 확실해야 하기 때문이다. 무혈청 배지는 최소 원가에 최적의 배양 조건을 갖춘 첨단 산물이지만, 그런 배지를 제조하는 일은 단순 노동이다. 회사에서 쓰는 배지의 레시피를 보며 물에 가루를 타면 된다. 규모만 크지 20인분 분유 만들기와 다를 바 없다.

배지 제조는 물 준비부터 시작한다. 그냥 물은 아니고 여러 필터로 걸러서 불순물이 거의 없는 초순수를 쓴다. 물에 전기를 흘리면 불순물이 들어 있는지 확인할 수 있다. 순수한 물일수록 이온 농도가 낮아 전기가 흐르지 않는다. 초순수 제조 장치에 표시되는 수치가 일정 저항 이상일 때의 물을 사용하면 된다.

이렇게 만든 초순수에 소금 간을 맞춘다. 우리 몸의 피와 체액이 짠 만큼만 짜야 한다. 배지가 싱거우면 세포가 죽는다. 물은 세포막 사이를 드나들 수 있다. 세포를 맹물에 넣으면 물은 상대적으로 농도가 높은 세포 안으로 들어간다. 자기 간보다 싱거워진 세포는 내부 단백질이 망가지거나 불어 터진다. 세포를 키우는 배지를 몸과 같은 농도로 간을 맞추어야 하는 이유이다. 맹물에 체액 농도만큼 소금을 녹인 용액을 생리식염수라고 한다. 생리식염수에 세포를 담으면 아무 영양분이 없어도 며칠은 생존할 수 있다.

배지에 소금 간을 맞춘 다음에는 pH를 맞춘다. 음식에 식초를 넣는 것과 비슷하니 이 또한 간 맞추기의 일종이다. pH 간을 잘못 맞춰 배지가 너무 시거나 써지면 세포는 죽는다. 세포가 살아 있기 위해서는 소듐(나트륨)이나 포타슘(칼륨) 같은 여러 가지 이온이 필요하다. 세포는 세포막 사이로 끊임없이 이온을 내보내거나 받아들이며 생명을 유지한다. 배지의 pH가 너무 높거나 낮으면 수소 이온의 비율이 달라져 생명 활동이 제대로 일어나지 않는다. 세포의 주요 성분인 단백질도 pH에 따라 구조가 변한다. 배지의 pH 간은 소금 간을 맞추는 것만큼 중요하다.

배지는 세포가 사용할 영양분을 담고 있어야 한다. 주 영양분은 포도당과 글루타민이다. 포도당은 생명의 기본 에너지원이다. 글루타민은 단백질을 만드는 블록인 아미노산 중 하나이다. 그중에서도 우리 몸이 스스로 합성하지 못하는 필수 아미노산이다. 글루타민은 다른 아미노산을 만드는 재료가 되면서, 세포에 포도당이 부족해지면 대신 에너지를 만드는 요긴한 물질이다. 다양한 아미노산 중 글루타민을 콕 집어서 넣는 이유는 글루타민에 질소가 많기 때문이다. 아미노산이 모여 만들어지는 단백질은 기본이고, 유전물질인 DNA부터 에너지를 저장하고 공급하는 물질인 ATP(아데노신 삼인산)까지, 세포에서 쓰이는 대부분의 물질에는 질소가 들어간다. 배지에 들어가는 글루타민은 세포에 질소를 공급하는 역할을 맡는다.

음식의 소금 간과 배지의 pH 간이 다른 점은, 세포는 영양분을 처리하며 스스로 배지의 간을 바꾼다는 것이다. 세포는 포도당과 글루타민으로 물질대사를 한 후 이산화탄소나 젖산, 암모니아 같은 노폐물을 내놓는다. 물에 녹은 이산화탄소는 탄산이 되어 젖산과 함께 pH를 낮추고, 단백질에서 나온 암모니아는 pH를 높인다. 노폐물끼리 저절로 균형을 맞추며 pH를 유지해주면 좋겠지만, 그렇게 균형이 맞아질 리가 없다. 게다가 세포는 주변의 pH가 변하면 생명을 유지할 수 없다. 그렇기에 배지는 세포가 노폐물을 방출해도 주변 pH를 일정하게 유지하는 '완충 작용'을 해주어야 한다. 온몸을 순환하는 혈액도 몸속 세포에 똑같은 완충 작용을 한다.

배지에 넣는 완충 용액은 배지 제조의 조커 카드이기도 했다. 작업을 하다 보면 사람이 이해할 수 없는 오차가 생길 때가 있다. 배지 제조 역시 레시피대로 만들어도 이상하게 pH가 틀어질 때가 있었다. 이럴 때 다른 성분에 영향을 주지 않으면서 pH를 바로잡는 방법이 완충 용액을 더해주는 것이었다.

여기까지가 내가 경험한 배지 제조 과정이다. 이후부터는 배양하는 세포의 종류나 회사의 비밀 노하우에 따라 배지 조성이 달라진다. 글루타민 말고도 세포에 필요한 아미노산을 넣고, 비타민과 무기 염류를 추가하기도 한다. 인슐린이나 성장 호르몬을 넣기도 한다. 배지 제조가 끝나면 마지막으로 오염이 일어나지 않도록 세균이 통과하지 못하는 촘촘한 막으로 용액을 걸러낸다.

강아지를 키우는 사람이 사료를 직접 만들지 않는 것처럼 세포를 배양한다고 해서 꼭 배지를 직접 만들어야 하는 것은 아니다. 맹물을 배지로 바꾸는 작업도 세포를 대량으로 키우는 업무를 맡았기에 할 수 있던 경험이었다. 세포에 먹일 밥을 만들고, 밥을 세포에게 먹이며 월급을 받았다. 이렇게 해서 받은 월급으로 먹고살았으니 세포와 나는 서로가 서로의 밥을 먹이며 산 셈이다.

연구를 망치는 오염
세포 배양에서 생기는 미생물 감염

　강아지는 사람에게 기쁨을 준다. 집에 들어올 때 정신없이 꼬리를 흔들며 무릎 위로 뛰어오르는 강아지는 사랑스럽다. 자다 일어나 잠깐 물 마시러 나올 때조차 따라오는 강아지를 보면 애틋하다. 과학자도 세포를 키우며 행복을 느낄 때가 있다. 세포에서 예상한 실험 결과가 나올 때다. 예상하지 못한 실험 결과에서 무언가를 깨달을 때는 희열을 느낀다.

　강아지를 키우면서 매번 행복한 일만 생기는 것은 아니다. 강아지가 산책하는 길에 다치거나 진드기에 물려 아플 수도 있다. 집에서 놀다가 강아지가 먹으면 안 되는 음식을 먹고 죽을지도 모른다. 세포도 비슷하다. 세포가 미생물에 감염되면 시름시름 앓는다. 배지가 노래지고 접시 위로 하얀 덩어리가 둥둥 떠오른다. 세포가 강아지와 다른 점은 이렇게 아플 때 세포를 위한 병원이 없다는 것이다. 세포는 웬만해선 살릴 수 없다.

인큐베이터를 열고 배양접시를 찾는다. 배지 색깔이 전처럼 투명하지 않다. 불안한 마음에 현미경으로 세포를 관찰한다. 세포 주변에 시커먼 점이 가득하다. 세포도 본래 모양을 잃고 울퉁불퉁하다. 망했다! 오염contamination이다.

오염된 세포는 미련 없이 버려야 한다. 버린 세포는 빨리 잊고 오염이 일어난 원인부터 찾아야 한다. 세포 하나가 아니라 실험실 전체가 오염될 수 있다. 오염원을 찾아 없앤 뒤에는 모든 실험 장비를 탈탈 털어 멸균 처리한다. 그 후 다시 처음부터 연구를 시작한다. 강아지가 진드기에 물릴 때마다 죽고, 새 강아지를 데려와야 한다고 상상해보라. 연구자에게 오염은 그만큼 끔찍한 일이다. 그래서 오염은 세포 배양의 모든 단계에서 철저히 막아야 한다.

오염이란 연구자가 의도하지 않은 처치 외의 무언가가 실험에 개입하는 현상이다. 일상에서 쓰이는 오염과는 다른 개념이다. 우리가 자주 쓰는 오염pollution은 '더러운 것에 물듦'을 의미한다. 아침마다 보던 뒷산 송전탑이 오늘따라 희미하다면 대기오염이 심각해진 것이다. 도심 하천에 발을 담그고 노는 아이들이 걱정스러운 이유는 우리가 수질오염에 대해 알 만큼 알기 때문이다. 반면 실험에서 일어나는 '컨탬

contam'은 일상에서 느끼는 오염만큼 더럽지 않고, 신체 건강을 위협하지도 않는다.

실험실 오염도 일상에서 일어나는 오염만큼 다양하다. 세포 배양에서 일어나는 오염은 대부분 세균이나 곰팡이 같은 미생물 감염으로 나타난다. 연구자가 배양접시에 세균을 넣지도 않았는데, 세포가 검은 점으로 뒤덮여 있다면 미생물에 감염되고 실험이 오염된 것이다.

감염된 세포는 실험에 쓸 수 없다. 일차적인 이유는 감염되어 죽은 세포로 실험을 할 수 없기 때문이다. 그런데 배지 안에 미생물이 들어왔는데도 세포가 죽지 않는 경우가 있다. 심지어 어떤 세포와 미생물은 합이 잘 맞아 배지 안에서 천연덕스럽게 함께 살아간다. 멀쩡하게 미생물과 공생하는 세포를 보면 한 번쯤은 눈 딱 감고 배양접시를 다시 인큐베이터에 넣고 싶다는 유혹에 빠진다. 절대 안 된다. 오염된 세포는 즉시 폐기해야 한다. 오염된 세포로 실험을 계속하다 보면 연구자는 어느 시점에서든 꼭 후회하게 되어 있다.

오염은 왜 실험을 망칠까? 세포가 미생물에 감염되어도 살아만 있다면 계속 실험에 사용해도 되지 않을까? 눈물을 머금고 오염된 세포를 버려야만 하는 이유를 상상 실험으로 설명하겠다.

어느 제약회사에서 바이러스 치료제를 개발한다고 하자. 지금은 연구자들이 바이러스에 감염된 세포에 치료제를 얼마만큼 넣었을 때 치료제의 효과가 나타나는지 확인하는 단계이다. 바이러스에 감염된 세포를 네 접시 준비하고, 각각 치료제를 0마이크로리터㎕(1마이크로리터는 1리터의 100만분의 1), 1마이크로리터, 2마이크로리터, 4마이크로리터씩 넣는다. 일주일 후 세포를 확인해보았더니 치료제를 각각 0마이크로리터, 1마이크로리터 넣은 접시의 세포는 여전히 바이러스에 감염된 상태이다. 치료제를 각각 2마이크로리터, 4마이크로리터 넣은 접시에서는 바이러스가 사라졌다. 그렇다면 세포를 치료하는 데 필요한 치료제 용량은 최소 2마이크로리터일 것이다.

그런데 치료제를 2마이크로리터 넣은 세포 그룹이 미생물에 오염되었다면 결과를 해석할 수 없다. 세포가 바이러스 감염에서 회복된 이유가 치료제 때문인지, 치료제와 미생물 사이에 일어난 어떤 작용이나 현상 때문인지 알 수 없기 때문이다. 이런 상황에서 미생물은 아무 일도 하지 않고 실험에 어떤 영향도 주지 않았을 것이라며 찜찜하게 실험을 끝내는 사람은 과학자가 될 수 없다.

현대 과학의 기본 전제는 연구자가 의도한 처치 외에는 실험 대상에 걸린 조건을 모두 통제하는 것이다. 앞서 말한 변인 통제이다. 바이러스 치료제 실험에서 연구자가 의도한 처치는 치료제의 용량이다. 나머지 조건은 모든 세포 그룹에서 통일해야 한다. 연구자가 미생물 감염에 의한 세포의 변화를 관찰하고 싶은 것이 아닌 이상, 모든 세포는 미생물에 감염된 상태여서는 안 된다. 미생물 감염이 실험을 오염시킨다고 말하는 이유이다.

오염은 세포 실험에서만 쓰이는 개념이 아니다. 자연과학 연구에서는 어느 단계에서나 오염이 생길 수 있다. 스웨덴의 유전학자 스반테

페보는 '고유전학' 분야를 개척한 공로로 2022년 노벨 생리의학상을 수상했다. 페보는 저서 《잃어버린 게놈을 찾아서Neanderthal Man: In Search of Lost Genomes》에 8,000만 년 전 백악기 공룡 화석에서 공룡의 DNA를 추출한 연구를 소개했다. 페보가 이 연구를 소개한 것은 공룡의 DNA 추출이라는 놀라운 연구를 자랑하기 위해서가 아니다. 오히려 연구 과정에서 오염을 통제하지 못했다가 망신을 당한 사례로 넣었다. 페보가 연구에서 밝힌 공룡 DNA는 현시대의 조류보다 포유류와 비슷했다. 파충류와 조류가 진화적으로 가깝다는 사실은 연구를 진행한 1990년대에도 잘 알려져 있었다. 그런데 공룡이 포유류와 가깝다니, 연구 결과가 사실이라면 척추동물 분류 체계가 뒤집힐 사건이었다.

그러나 이제 와서 아무도 공룡이 닭보다 코끼리에 더 가깝다고 말하지 않는다. 논문이 나오고 반년 후, 해당 연구 결과가 사람의 생체 정보로 오염된 결과라는 반박 논문이 나왔기 때문이다. 다른 과학자가 페보 논문의 공룡 DNA를 분석한 결과, 연구에 쓰인 공룡의 유전 정보가 수많은 포유류 중에서도 사람의 유전 정보와 제일 가까웠다. 백악기에 사람처럼 생긴 공룡이 살지는 않았을 것이다. 공룡 발굴단이 뼈를 맨손으로 만진 것인지, 시료를 갈던 연구자가 재채기를 한 것인지는 알 수 없으나, 어느 시점에서든 오염이 일어나 실험 결과를 바꾸어버렸다.

청정한 연구실은 모두 엇비슷하지만, 오염이 생긴 연구실의 오염원은 제각기 다르다. 세포가 미생물에 감염되면 그 자체가 곧 오염이지만, 미생물 감염이라는 범주 안에서도 미생물의 종류에 따라 다른 오염이 된다. 따라서 오염을 막기 위해서는 연구자가 감염원의 종류에 대해 잘 알고 있어야 한다.

세균은 세포를 오염시키는 가장 대표적인 미생물이다. 현미경으로 관찰할 때 세포 주변에 작은 점이 잔뜩 보인다면 세균에 오염된 것이다. 세균에 점령당한 배양접시는 맨눈으로도 알 수 있다. 세균 수가 많아지면 배지가 뿌예지고 끔찍한 냄새가 난다.

내가 겪은 가장 끔찍한 세균 오염은 바이오 제약회사에서 일하던 시절, 사무실 캐비닛만 한 네 칸짜리 인큐베이터가 통째로 날아간 일이었다. 당시 실험실에서는 생산성이 제일 좋은 세포를 뽑기 위해 세포를 수십 개의 플라스크에 나누어 키우고 있었다. 어느 날 내 옆 동료 연구원이 인큐베이터를 보라고 해서 달려갔더니 인큐베이터 안에 있던 플라스크 수십 개가 모두 칙칙한 색으로 변해 있었다. 실험에 들인 두 달과 연구비 수천만 원이 날아간 순간이었다. 이때 기억이 트라우마로 남았는지, 아직도 대형 인큐베이터의 양 문을 열고 마주했던 오염된 플라스크의 냄새와 색을 잊을 수가 없다.

다행히 이 같은 세균 오염은 배지에 항생제를 넣어 막을 수 있다. 페니실린과 스트렙토마이신이라는 항생제 용액을 배지에 섞어 세포를 키우면 웬만해서는 세균에 감염되지 않는다. 대학원 실험실에서 세포를 키우다가 학위를 받고 제약회사에 들어가면 밥 먹듯이 하던 세포 배양이 갑자기 어려워진다. 대학원 실험실에서는 배지에 항생제를 넣어 세포를 키우지만, 바이오 의약품 공장에서는 배지에 항생제를 쓰지 않기 때문이다.

바이오 의약품은 세포가 만든 단백질로 제조한 약품이다. 행여나 의약품에 배양 과정에서 세포한테 먹인 항생제가 남아 있으면 환자에게 부작용을 일으킬 수 있다. 바이오 의약품 공정은 매우 복잡하고 철저하다. 세포 배양 과정에서 들어간 항생제가 약품에 들어갈 확률은 아주 낮다. 그러나 대량생산된 수십만 개 의약품 중 일부에 항생제가 포함된 채 환자의 몸에 투여될 수 있다. 이런 약을 맞은 환자에게 예상치 못한 항생제 내성이 생기면 환자들은 세균성 질환에 취약해진다. 약물의 부작용이라는 위험을 무릅쓰느니, 약품 개발 단계에 무항생제 배지를 사용하며 오염을 조심하는 것이 맞다.

곰팡이 오염도 은근히 자주 일어난다. 귤을 한 상자 사면 간혹 찌부러진 귤에 회색 곰팡이가 생긴 것을 볼 수 있다. 세포와 세포를 담은 접시에도 곰팡이가 자랄 수 있다. 오염 초기에 생긴 곰팡이는 실처럼 가느다란 균사 형태이다. 맨눈으로는 안 보이고 현미경으로만 관찰할 수 있다. 하지만 한 번 뿌리를 내린 곰팡이는 순식간에 자라난다. 곰팡이가 생긴 지 며칠 안에 동그란 덩어리가 맨눈에 들어온다. 플라스크 속 곰팡이는 노란 치즈볼 과자처럼 예쁘다. 모르는 사람이 보면 실험실용 마리모인 줄 알 것이다. 연구자 마음이 타들어 가는 줄은 모르고 말이다.

연구자들이 가장 두려워하는 미생물은 이름도 생소한 마이코플라스마mycoplasma이다. 마이코플라스마는 세균의 일종으로, 자가 증식 능력을 가진 가장 작은 생물이다. 일상에서는 거의 들을 일이 없는 이름이었는데, 코로나19 사태가 사람들의 면역력을 낮추었는지 2020년대에 들어서면서부터 사람들 사이에 마이코플라스마 폐렴이 유행했다. 마이코플라스마는 일반 세균보다 크기가 작아 광학현미경으로도 보이지 않는다. 세균 오염은 현미경에 보이는 작은 점으로 알 수 있다. 그러나 마이코플라스마 오염은 광학현미경의 배율을 아무리 높여도 확인할 수 없다. 이뿐만 아니다. 일반적인 항생제의 원리는 세균의 세포벽을 파괴해서 세균을 죽이는 것이다. 마이코플라스마는 세포벽이 없어 항생제로 막을 수도 없다.

세포가 아무 이유 없이 죽거나 평소보다 너무 느리게 자란다면 마이코플라스마 오염을 의심할 수 있다. 마이코플라스마는 검출 키트를 이용해야만 오염 여부를 확인할 수 있다. 세포의 유전물질을 형광으로 염색하면 세포핵에 형광이 빛날 것이다. 이때 세포핵보다 작은 형광이 같이 빛난다면 마이코플라스마가 세포를 감염시킨 것이다. 다른 방법으로는 마이코플라스마만 가진 DNA 서열을 찾아 검출할 수도 있다. 작디작은 바이러스의 RNA를 증폭해서 잡아내던 코로나19 PCR 검사와 비슷한 방식이다.

검출 키트에 양성이 뜨면 그때부터 지옥이 시작된다. 마이코플라스마는 눈에 보이지 않으니 세포 배양 중 어느 단계에서 감염되었는지 알 수 없다. 클린 벤치와 인큐베이터는 물론이고, 실험에 사용한 배지와 시약, 세포가 들어 있던 저온 탱크까지 싹 다 갈아엎어야 할 수도 있다.

연구의 기본 전제는 변인 통제이므로 모든 과학 활동을 통틀어 오염은 피해야 한다. 그럼에도 세포 배양 중에 일어나는 오염을 강조하는 이유는, 미생물 감염이 흔한 데다가 다른 곳으로 퍼지기 때문이다. 미생물은 증식하며 전염된다. 배양접시 하나에서 시작된 오염이 공기를 타고 다른 접시로 옮는 일은 예사다. 운이 나쁘면 인큐베이터에 들어 있던 모든 세포가 오염된다. 더 심각한 경우 온갖 세포를 보관하는 세포 동결 장치나 실험실 전체에 오염이 퍼질 수 있다. 나 하나의 실수로 연구실 전원의 실험이 사라지는 것이다.

우리 몸이 안전한 이유는 주변에 위험 요소가 없어서가 아니다. 바깥에는 피부라는 장벽이, 안에서는 면역세포가 구석구석 자기 몫을 하는 덕분이다. 반면 몸을 벗어난 세포는 스스로를 지키지 못한다. 세상에는 눈에 보이지 않는 미생물과 바이러스가 가득하지만, 세포 각각에는 면역계라고 할 만한 것이 없다. 세포가 미생물을 만나 배양접시 안에서 아무리 비명을 질러도 세균을 먹어 치울 백혈구는 그곳에 없다. 그러니 조금만 방심해도 세포에 오염이 일어난다.

오염에 맞서는 방법은 하나뿐이다. 오염원이 세포에 닿지 않도록 철저히 막는 것이다. 어떤 병이든 치료보다 예방이 우선이지만, 한 번 미생물에 감염된 세포는 치료가 불가능하다. 세포가 잘 자라는 환경에서는 미생물도 잘 자란다. 세포는 따뜻하고 습한 인큐베이터 내부, 영양분이 가득한 배지에 담긴 채로 살아간다. 몸을 벗어난 세포마저 살려

내는 환경은 야생의 미생물에게는 천국이다. 미생물은 세포보다 작지만 빠르게 불어난다. 세포 실험에 쓰는 동식물 세포가 평균 8~20시간 만에 하나에서 둘로 늘어나는 반면, 세균의 분열 시간은 짧으면 20분이다. 무자비하게 늘어난 미생물은 하룻밤 만에 배지의 영양분을 빼앗아 세포를 말려 죽인다.

오염을 예방하는 방책은 상식적이다. 코로나19에 대처하는 방법과 비슷하다. 코로나19가 퍼지던 당시 우리는 몸속 면역계가 쉽게 이기지 못하는 바이러스를 만났다. 사전에 바이러스 감염을 막기 위해 밖에 나갈 때는 마스크를 썼고, 집에 돌아와선 손을 씻었다. 연구자가 하는 일도 다르지 않다. 실험실마다 양상과 정도는 다르지만 세포 배양의 비중이 높을수록, 오염에 호되게 당한 연구실일수록 원칙과 절차가 철저해진다. 실험 전후에는 손을 비누로 씻는다. 자외선 살균기에서 연구복을 꺼내 입고 일회용 마스크와 장갑을 쓴다. 세포 배양실에 들어올 때는 실내화로 갈아 신는다. 배양실 앞에는 끈적한 매트가 놓여 있어 발에 묻은 먼지를 떼어낸다. 배양실에 들어가기 전, 강한 바람으로 먼지를 없애는 에어 샤워를 하기도 한다.

세포 배양에 쓰이는 장비와 기구에는 항상 오염을 막는 설비가 들어간다. 인큐베이터의 내장재로는 보통 스테인리스를 사용한다. 스테인리스는 습한 환경에서도 녹슬지 않고, 반짝반짝 매끈한 금속면에서는 곰팡이나 균이 자라기 어렵기 때문이다. 내부에 자외선 살균이나 고온·고압의 멸균 기능을 지닌 인큐베이터도 있다. 오염을 막겠다고 세포를 굽거나 삶는 것은 아니고, 세포를 다 빼낸 후 청소할 때만 쓰는 기능이다.

인큐베이터 중에는 내부를 구리로 만든 것도 있다. 구리 표면에서는 미생물이 살 수 없다. 고대 이집트에서부터 활용한 항균 방법인데도 아직까지 정확한 원리는 밝혀지지 않았다. 과학자들은 구리 이온이 미생물에 산화 작용을 일으키거나 생존에 필요한 대사 반응에 파고들기 때문이라고 추측한다. 원리를 모른다고 안 쓸 이유는 없다. 인큐베이터 바닥에는 내부에 수분을 공급하는 물 쟁반이 있는데, 여기에 10원짜리 동전을 담가두는 연구자도 있다. 동전의 구리 성분이 이온이 되어 물에 녹으면 미생물이 살지 못할 것이라는 근거에 따른 방법이다. 실제로 효과가 있는지는 실험을 해보아야 알 것이다.

클린 벤치 또한 오염을 예방하기 위한 기기이다. 클린 벤치에서 나오는 깨끗한 바람만으로도 모자라 벤치 내부에 가스버너를 두는 실험실도 있다. 버너를 둘러싼 공기가 열에 데워지면 가벼워져 위로 올라간다. 상승 기류가 생기는 불 주변에는 먼지가 내려앉지 않는다. 버너 주변에 생기는 작은 공간에서는 배양접시 뚜껑을 활짝 열어도 미생물이 들어올 여지가 없다.

배양접시부터 50밀리리터 시험관까지, 세포 배양에 쓰이는 실험 도구는 모두 일회용이거나 고온 멸균이 가능한 내열 재질이다. 일회용 실험 도구는 포장째 소독한 후 클린 벤치 내부로 가져와 포장을 제거한다. 클린 벤치 바깥에서 포장을 뜯다가 외부 오염원이 묻을 수 있기 때문이다. 밖에서 포장이 뜯긴 불량품은 겉은 멀쩡해 보여도 폐기해야 한다. 실험에 자주 쓰는 삼각 플라스크가 원뿔 모양인 이유도 외부에 노출되는 면적을 최대한 좁히기 위해서이다. 입구가 좁으면 오염원이 들어올 여지가 줄어든다. 어떤 플라스크 뚜껑에는 필터가 달려 있다. 필터로 공기는 드나들지만 미생물은 통과하지 못한다.

오염은 실험실의 재난이다. 작게는 실험을 다시 시작하는 것부터 크게는 실험실의 모든 세포와 배지와 시약을 버리고 냉동 탱크와 클린 벤치, 인큐베이터를 소독하는 지경에까지 이른다. 재난은 평상시에 대비해야 한다. 생물학도는 오염을 일으키지 않는 습관을 손에 익히며 생명과학자가 된다.

생명을 몸에서 꺼내는 방법

일차 배양의 역사와 방법

어릴 적 우리 집 책장에는 출처를 알 수 없는 공포 소설이 있었다. 아마 해외 고전 소설의 해적판이었을 것이다. 줄거리도 제목도 기억나지 않지만, 선반 위 어지럽게 놓인 유리병 사이로 누군가의 머리가 놓인 장면만 생각이 난다. 목이 잘린 머리에는 유리병에 연결된 호스가 꽂혀 있고, 성대가 동강 난 바람에 말을 해도 쉰 소리밖에 나오지 않았다. 지금도 호러 장르를 싫어하는데, 이 책만큼은 특유의 괴기함에 빠져 여러 번 읽었던 것 같다.

소설 속 머리야말로 '몸을 벗어난 생명'이었다. 그는 비록 몸은 잃었지만, 유리병에서 영양분을 공급받고 다른 병에 노폐물을 배출할 수 있었기에 생명 활동을 이어나갔다.

현대 생명과학은 몸을 벗어난 머리와 대화하는 수준까지는 이르지 못했다. 그래도 생명을 세포 단위로 몸에서 꺼내고 관찰하는 일은 제법 잘한다. 살아 있는 몸에서 세포를 추출해 실험실에서 배양 가능한 상태로 만드는 과정을 일차 세포 배양primary cell culture(일차 배양 또는 초대 배양)이라고 한다. 그렇게 얻은 세포는 일차 세포primary cell라고 부른다. 일차 배양은 생쥐 같은 실험동물은 물론이고 시신 기증자, 도축장에서 얻는 가축의 특수 부위까지 온갖 몸을 재료로 쓸 수 있다.

세포 배양의 역사는 100년이 조금 넘는다. 최초로 일차 배양이 성공한 시기는 19세기 말이다. DNA가 발견되기 반세기 전이자 진화론과 유전학이 태동하던 때다. 찰스 다윈의 《종의 기원》은 사회에 논란을 일으키며 개정을 거듭했고, 그레고어 멘델이 1865년에 발표한 유전 법칙은 세상에 알려지지 않은 채 논문 더미에 묻혀 있었다.

이 시절 생물학자들은 생명이 태어나는 원리를 찾기 위해 개구리 알과 달걀을 관찰하고 있었다. 알에서 태어나는 동물은 어미의 배에서 자라는 동물보다 관찰하기 쉬웠기 때문이다. '개체 발생은 계통 발생을 되풀이한다'는 말로 유명한 독일의 생물학자 에른스트 헤켈도 이 시절 사람이다. 헤켈은 우생학자였다. 그의 이론은 나치가 인종 청소를 하는 토대가 되었고, 그가 주장한 반복 발생설도 서로 다른 동물의 배아 그림을 그럴싸하게 조작한 결과였다. 공도 많고 과도 많은 사람이라, 비윤리적 행적과는 별개로 헤켈은 종의 연속성을 정교한 그림으로 설명하며 진화론을 알렸고, 생태학ecology이나 원생생물protista 같은 새로운 개념을 만들어 생물학을 한 단계 발전시켰다.

헤켈이 생물학에 기여한 또 다른 한 가지는 제자를 잘 키웠다는 것이다. 헤켈은 독일 예나대학교에 있을 때 빌헬름 루라는 제자를 두었다. 루도 스승을 따라 발생학을 연구했다. 사람이든 병아리든 발생 초기에는 뇌와 신경이 만들어진다. 신경판이라는 넙적한 부위가 구부러지며 훗날 척수와 뇌로 발달한다. 1885년, 루는 달걀에서 생긴 신경판을 빼내어 생리식염수에 넣었다. 사람을 포함한 포유동물의 수정란은 몸속에 있으니 직접 관찰할 수 없다. 그나마 '닭을 벗어난 달걀'은 연구하기가 한결 편했지만, 발생 중인 배아는 껍데기에 둘러싸여 있으므로 관찰하기 어렵기는 마찬가지였다. 루는 달걀이라는 몸에서 신경판이라는 생명을 꺼내 유리병으로 옮겼다. 최초로 생명을 몸에서 분리한 셈이다.

신경판 조직은 생리식염수 안에서 무려 13일 동안이나 살아 있었다! 루가 세포 배양이 가능하다는 것을 발견한 이후로 여러 과학자가 실험실에서 개구리와 닭의 세포를 배양하기 시작했다. 20세기에 들어서 세포 배양 기술은 포유동물의 세포와 인간 세포로 확장되었다.

일차 배양은 분자생물학부터 생리학까지 생물학의 모든 분야에 기여했다. 21세기인 지금도 과학자들은 생명 현상이 궁금할 때 일차 배양을 통해 몸에서 생명을 꺼내어 확인한다. 최근에는 환자의 세포를 일차 배양해 개인의 유전체를 분석하고 이에 맞추어 치료할 수 있게 되었다.

생물학과 학생들이 처음으로 마주하는 학문의 벽은 분자생물학이다. 그러나 이들이 만날 마음의 벽은 단연 일차 배양 실험이다. 어딘가에서 환자나 죽은 동물의 조직을 떼어오지 않는 이상, 일차 배양을 하기 위해서는 눈앞의 생명을 죽여야 하기 때문이다. 나의 연구를 위해 다른 이의 생명을 빼앗는 일은 본인이 매드 사이언티스트일 줄 알았던 학생에게조차 어려운 일이다. 누군가에게는 읽는 것도 힘들 내용이다. 아래 세 문단을 넘기고 다음으로 넘어가도 좋다.

대학에 들어와 처음 해본 일차 배양은 실습 수업에서 생쥐의 면역세포를 추출하는 것이었다. 실험동물의 경추를 탈골한 다음 대퇴골에서 골수를 채취해야 했다. 경추 탈골은 생쥐의 머리를 왼손으로 누른 채 오른손으로 꼬리를 잡아당겨 두개골과 목뼈의 연결을 끊는 것이다. 뇌와 척수 사이를 끊음으로써 빠르고 고통 없이 생쥐를 희생시켰다. 그다음 생쥐의 뒷다리에서 넓적다리뼈를 발라냈다. 넓적다리뼈가 생쥐의 몸에서 그나마 가장 큰 뼈이기 때문이다. 뼈를 발라낸 후에는 뼈 한가운데에 얇은 주삿바늘을 넣어 골수를 추출했다.

대학원에서는 일차 배양한 생쥐의 신경세포에서 유전자 발현을 확인하는 실험을 했다. 나뿐만 아니라 연구실에 있던 모두가 매주 일차 배양한 신경세포를 사용했다. 일차 배양만 전문으로 하는 연구원이 매주 세포를 준비해주었다. 그분은 일차 배양을 할 때마다 매번 힘들어했다. 신경세포를 얻으려면 아직 태어나지 않은 새끼 쥐가 필요했다. 신경세포를 얻는 첫 단계는 새끼를 밴 어미 쥐의 배를 가르는 일이었다.

신경세포를 일차 배양하기 위해서는 신경세포 이전 상태인 신경 줄기세포나 신경 전구체세포를 거두어야 한다. 뇌가 발달한 후에는 신경세포의 가지가 길어지고, 가지끼리 서로 얽혀서 세포를 온전히 분리하기가 힘들다. 가지가 덜 자란 신경 줄기세포는 발생이 덜 이루어진 태아 상태의 뇌에 있다. 생쥐의 임신 주수는 약 3주이다. 3주 동안 태아의 뇌가 발생하는 시점을 계산해서 뇌를 추출한다. 갓 태어난 생쥐가 새끼손가락만 하니까 태아 상태의 생쥐는 그보다도 작다. 태아 생쥐에서 꺼낸 아주 작은 뇌를 현미경으로 들추며 필요한 부분을 절개한다.

잔인한 이야기는 여기까지다. 생명이 조직 단위로 작아지면 몸은 희미해지고 연구 대상만 남는다. 조직을 추출한 후에는 필요한 세포를 얻는 단계로 넘어간다. 보통 단백질 분해 효소를 이용한다. 파인애플이나 키위즙에 고기를 재워 연하게 만드는 원리와 같다. 실험실에서는 효소의 농도를 낮춰 사용한다. 세포는 온전히 두되 세포 사이의 연결만 끊어 조직을 느슨하게 만들기 위해서다. 조직이 풀어지면 피펫으로 저어서 세포를 흩트린다. 덩어리였던 조직이 세포 하나하나로 흩어지면 현미경으로 세포의 수를 세어 배양접시에 필요한 만큼 옮긴다.

세포를 거르는 데 원심분리기를 이용하기도 한다. 세포가 든 액체를 기다란 튜브에 담은 후 원심분리기에 튜브를 넣고 빙글빙글 돌리는 것이다. 원심분리기 작동이 끝나면 세포가 든 액체가 세포와 배양액 층으로 분리되고, 피펫으로 세포가 들어 있는 층만 옮길 수 있다. 원심분리기는 원심력을 이용해 혼합물을 분리하는 기기이다. 놀이터의 회전 놀이기구가 원심분리기와 비슷하다. 쌩쌩 돌아가는 놀이기구에 있으면 몸이 바깥쪽으로 몰리는 기분이 든다. 우주인이나 전투기 조종사의 훈련에도 원심분리기가 쓰인다. 조종사를 원심분리기에 돌리면 비행기가 급하게 움직일 때 머리의 피가 나가고 다리에 피가 몰리는 상황을 재현할 수 있다. 몸속 혈액도 원심력으로 이동시킬 수 있으니 원심분리기를 섬세하게 쓰면 세포와 세포 외 물질이 섞인 액체를 층층이 나눌 수 있다.

세포가 배양접시나 플레이트에서 살아가기 시작하면 마침내 몸을 벗어난 것이다. 이제 세포를 실험실이라는 새로운 환경에 적응시키는 일만 남았다. 세포 배양, 첫 장에서 말한 강아지 키우는 일의 시작이다.

세포와 강아지의 다른 점은 불어나는 속도이다. 세포의 종류에 따라 다르지만, 보통 하루에 한 번은 세포 하나가 둘로 분열한다. 한정된 공간에서 세포가 불어나면 배양접시 바닥이 세포로 가득 차 배양 환경이 급격히 나빠진다. 접시가 세포로 미어터지기 전에 일부만 떼어 새로운 접시로 옮기는 방법을 계대 배양subculture이라고 한다. 계대 배양을 하면 그때부터는 '일차' 세포가 아니고, 계대 배양을 할 때마다 계대 횟수를 더하여 관리한다. 계대 배양으로 세포를 유지하는 동안에는 새로운 동물을 희생하지 않아도 된다. 연구자는 실험실에서 몸을 벗어난 세포를 관찰하며 궁금했던 생명 현상을 확인할 수 있다.

2장

실험실에 도착한 생명

헬라세포의 영생 비결

불멸화 세포주 개발과 헬라세포 70년의 역사

패러다임이란 과학 공동체가 당연하다고 생각하는 인식 체계와 공동체가 사용하는 언어를 의미한다. 어렵게 들리지만 요즘 세상의 유튜브나 카카오톡 같은 플랫폼과 비슷한 말이다. 모두가 유튜브를 보는 세상이다. 이런 세상에서 누군가와 말이 통하려면 유튜브를 봐야 하고, 무언가 널리 알리고 싶다면 유튜브에 영상을 올려야 효과가 있다. 그리고 유튜브에는 인기의 척도가 되는 좋아요 수와 구독자 수 같은 유튜브 세상에서 통하는 문법이 있다.

생명과학 공동체에는 '생명 현상의 기본 단위는 세포이며, 생명 현상을 연구하기 위해서는 세포를 꺼내어 보아야 한다'는 패러다임이 있다. 수백 수천 종류의 세포를 수만 번 배양하며 배양법을 체계화한 덕분에, 생명체의 A 현상을 확인하기 위해 세포에 A 실험을 한다 같은 문제 풀이법도 정해져 있다. 생물학 교과서에 적힌 지식과 생물학자의 머릿속에 들어 있는 상식도 수많은 세포 실험 결과를 토대로 단단하게 축적된 것이다.

1+1=2가 확실하면 100+100=200도 확인할 수 있다. 세포 배양 방법이 확립된 뒤부터 포유류 세포는 실험실을 넘어 아파트 단지만 한 공장에서 배양되기 시작했다. 대량으로 배양되는 세포는 연 매출 1조 원을 거뜬히 넘기는 블록버스터 의약품을 생산한다.

과거에는 세포 실험을 할 때마다 몸에서 세포를 떼어내 실험실에서 배양하는 일차 배양을 했다. 연구자는 일차 배양을 하기 위해 도축 장이 열리거나 병원에서 아이가 태어날 때 달려가 신선한 조직을 받아와야 했다. 연구실에서 실험동물을 키우기도 한다. 실험에 세포가 필요할 때마다 동물을 희생한 후 조직을 채취하고 남은 몸뚱아리를 폐기하는 것이다. 요새도 이렇게밖에 할 수 없는 실험이 없지는 않지만, 실험을 할 때마다 재료 준비부터 시작해야 한다면 과학을 향한 뜨거운 열정도 서서히 식어가기 마련이다.

일차 배양 세포는 왜 오래 살지 못할까? 세포가 외로움을 타기 때문이다. 세포는 화학물질로 소통한다. 장거리 소통은 호르몬, 단거리 소통은 사이토카인 같은 물질을 분비하고 흡수한다. 사람들이 옆에 있는 친구와 대화를 하다가도 휴대전화를 열어 멀리 있는 사람들의 소식을 보듯, 세포도 바로 옆 세포가 분비한 단백질부터 혈액을 타고 뇌에서 실려온 호르몬까지 몸의 곳곳에서 메시지를 받는다. 메시지에는 '○○ 단백질을 만들어라'부터 '살아라!'까지 다양한 의미가 담겨 있다. 세포가 실험실의 배양접시에 옮겨지면 몸 어딘가에서 실려오던 수많은 메시지도 사라진다. 메시지를 받지 못하는 세포는 어느 시점에서 분열을 멈추고 서서히 죽는다.

과학자들은 몸을 벗어난 생명을 연구하기 위해 불멸화 세포주immortalized cell line를 개발했다. 불멸화 세포주란 그 이름처럼 배양접시 위에 고립된 채로도 끊임없이 분열하는 세포이다. 불멸화 세포주는 생존 명령이 들리지 않아도, 주변에 더러운 노폐물이 쌓여도 수를 불리며 번성하는 기적의 덩어리다. 죽으라는 신호를 무시하면서까지 기어코 늘어나는 세포의 정체는 무엇일까? 몸속에 있던 시절 이들은 종양이나 암이라고 불렸다. 불멸화 세포주는 대부분 암세포에서 유래했다.

최초의 인간 세포주도 종양 덩어리였다. 1951년 흑인 여성 헨리에타 랙스의 암 조직에서 유래한 헬라세포HeLa cell이다. 랙스는 29세에 존스홉킨스 병원 산부인과에서 자궁경부암을 진단받는다. 랙스는 종양 절제 수술 후 2년도 되지 않아 죽었으니, 수술로 떼어낸 세포 한 덩이가 과학자에게 넘어간 줄은 몰랐을 것이다. 당시 존스홉킨스 병원에서 일하던 과학자 조지 가이는 세포를 몸 밖에서 키우는 방법을 찾고 있었다. 가이는 유리병 속에서 끊임없이 자라나는 랙스의 종양 덩어리에 놀라워하며, 랙스의 이름을 따서 헬라세포라고 이름 붙인 후 동료 과학자

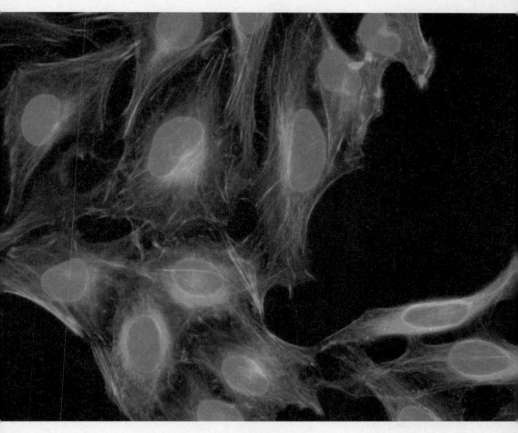

●● 형광현미경으로 촬영한 헬라세포

들에게 나누어주었다. 헬라세포가 담긴 유리병을 받은 과학자들은 세포를 키워 다시 자신의 친구들에게 나눠 주었고, 그렇게 해서 랙스의 종양 덩어리는 전 세계 곳곳으로 퍼져나갔다. 과학자들의 공동체 의식은 그때나 지금이나 끈끈해서 세포나 유전자 품앗이는 지금도 세계 단위로 벌어지는 일이다.

접시에 놓인 헬라세포는 연구자들에게 몸에서 벗어난 암 자체를 연구할 기회를 주었다. 이를 통해 랙스가 걸렸던 자궁경부암 연구에 큰 진전이 있었다. 1985년 독일의 바이러스 학자 하랄트 추어 하우젠은 헬라세포를 이용해 자궁경부암의 원인을 찾아냈다. 헬라세포를 비롯한 자궁경부암 세포주에서 사마귀를 만드는 바이러스, 즉 인간 유두종 바이러스Human Papilloma Virus, HPV를 발견한 것이다.

인간 세포 하나의 유전체(게놈) 서열은 30억 쌍이다. 인간 유두종 바이러스의 유전체 서열은 8,000쌍에 지나지 않는다. 30억 쌍 중 8,000쌍을 찾는 일이다. 암세포 유전체 속에 숨은 바이러스 서열을 찾는다는 건 37만 5,000분의 1, 즉 500페이지 책에서 한 글자를 찾는 일이다. 요즘 같은 유전체 분석 기술이 없던 시절이니 추어 하우젠은 수십 번 실패하며 바이러스 서열을 찾았다. 끊임없이 분열하며 세포를 공급하는 세포주 없이는 결코 하지 못했을 연구였다.

추어 하우젠의 끈기 있는 연구 덕분에 2006년 인간 유두종 바이러스의 백신이 나왔다. 오늘날 자궁경부암은 70퍼센트까지 백신으로 예방할 수 있다. 2008년 추어 하우젠은 인간 유두종 바이러스를 발견한 공로를 인정받아 노벨 생리의학상을 받았다.

헬라세포는 암세포인 동시에 실험실에서 배양할 수 있는 최초의 인간 세포였기에, 사람을 대상으로 할 수 없던 수만 가지 실험의 대안이 되었다. 가장 유명한 사례는 1953년 미국의 바이러스 학자 조너스 소크가 개발한 소아마비 백신이다. 소크는 소아마비를 일으키는 폴리오바이러스poliovirus를 죽여서 만든 불활성화 백신을 개발했다. 백신에 특허를 등록하지 않느냐는 질문에 '태양에도 특허를 냅니까'라는 명언을 남기며, 소아마비 백신을 전 세계에 퍼트린 영웅이기도 하다. 당시 소크가 개발한 소아마비 백신의 효능을 확인할 때 헬라세포를 사용했다. 소크는 헬라세포를 대량생산하여 세포에 소아마비 백신을 주입한 뒤 항체가 생기는지 확인하는 방식으로 백신의 효능을 검증했다.

이후로도 헬라세포는 생명 현상의 궁금증을 푸는 재료로 활용되었다. 바이러스나 세균에 감염시키는 것은 물론이고, 엑스레이를 찍거나 우주선에 태워 보내기도 했다. 덕분에 인류는 미생물이나 방사선 같은 외부 요소가 세포에 어떤 작용을 하는지 몸을 직접 내보이지 않고도 알아낼 수 있었다. 세포 안팎에서 일어나는 신호 전달 과정, 영생의 비밀이라는 텔로미어telomere 연구까지 헬라세포가 쓰이지 않은 연구는 거의 없다. 2022년을 기준으로 구글 학술검색에 'HeLa cell'을 검색하면 약 200만 개의 논문이 나온다. 70년 동안 200만 개 넘는 연구가 헬라세포로 이루어진 것이다.

시간이 지나며 생명과학 연구도 깊고 섬세해졌다. 이제는 같은 기관의 세포도 사람마다 다르다고 보고, 한 사람의 세포도 기관에 따라 다르게 분간하는 시대다. 과학자들은 헬라세포와 인간 세포의 차이점을 찾기 시작했다. 인간 유두종 바이러스가 랙스의 유전자를 온통 휘저어놓은 탓에 헬라세포는 염색체 수준에서 인간 세포와 달라져 있었다. 염색체는 세포 내 유전 정보가 적힌 물질로, 염기와 단백질이 뭉쳐 있는 구조물이다. DNA가 실이라면 염색체는 실뭉치이다. 인간 세포는 보통 46개의 염색체를 지니고 있지만, 헬라세포는 어디서든 잘 자라는 돌연변이 암세포답게 80여 개의 염색체를 갖고 있었다. 비유하자면 헬라세포의 실뭉치는 인간 세포보다 두 배가 많았다.

2003년 인간의 유전체를 통째로 해독한 인간 게놈 프로젝트가 완료되었다. 헬라세포의 유전체 분석 결과는 게놈 프로젝트가 끝난 지 10년 후인 2013년에 나왔다. 결과는 충격적이었다. 헬라세포 속 수많은 유전자는 보통 세포보다 두 배 이상 복제되어 있었고, 많게는 여섯 배까지 불어나 있었다. 염색체가 엉켜 새로운 염색체를 만들기도 했다. 반세기 전부터 세계 곳곳의 실험실로 퍼져나간 헬라세포는 기원이 같더라도 실험실에 따라 전혀 다른 유전 정보를 지니기도 했다.

과학자들은 인정해야 했다. 헬라세포는 더 이상 인간 연구의 기준이 될 수 없었다. 헬라세포 유전체를 분석한 과학자 라르스 슈타인메츠는 앞으로 10년은 헬라세포를 쓰더라도, 20년 뒤에도 헬라세포를 쓸지는 모르겠다고 밝혔다.

헬라세포의 전체 유전체 서열이 밝혀진 지도 10년이 지났다. 슈타

인메츠의 예언대로 헬라세포는 아직 현역이고, 개인적으로는 10년이 더 지나도 실험에 쓰이리라 생각한다. 세포 실험이 생명과학의 패러다임이라면, 헬라세포는 70년 역사를 거치며 수많은 세포 실험에 최적화된 플랫폼이 되었다. 헬라세포만큼 빠르고 잘 자라는 세포가 없다. 세포 분열이나 세포에 필요한 단백질을 만드는 것처럼 헬라세포는 여전히 세포의 보편적인 성질을 연구하는 데 유용하다. 지금까지 밝혀지지 않은 생명 현상이 얼마나 되는지는 아무도 모른다. 헬라세포로 밝힐 수 있는 새로운 생명 현상, 헬라세포만이 밝힐 수 있는 생명 현상도 아직 많을 것이다.

세포 실험의 목적이 생명 현상을 밝히는 것만은 아니다. 몸을 벗어난 세포는 공학 도구가 되기도 한다. 헬라세포는 배양하기 쉬워서 생명공학 도구로 사용하기에도 알맞다. 연구자들의 상상력은 대단해서 헬라세포를 이용해 생물 종을 판별하는 데 이용되는 DNA 바코드를 만들고, 헬라세포를 광학현미경과 전자현미경으로 찍은 이미지를 비교하는 기준으로 쓰기도 한다. 인공 생명을 만드는 데에도 헬라세포가 쓰인다. 헬라세포의 핵을 뺀 후 직접 조립한 유전 정보를 넣어 배양해보는 것이다. 이런 연구에서 헬라세포가 인간 세포인지 암세포인지는 하나도 중요하지 않다.

헬라세포 이래 과학자들은 여러 가지 인간 세포주를 개발했다. 오늘날 세포주는 암의 종류보다도 다양해졌다. 암세포가 죽지 않는 이유를 알아내면서 평범한 세포도 유전자를 바꾸어 세포주'화'하는 것이 가능해진 덕분이다. 헬라세포가 없었다면 이룰 수 없었던 진전이다. 새로이 생겨난 세포주들도 헬라세포의 전철을 밟으며 여러 가지 연구에 쓰이고 있다.

세포 실험이 생명과학의 패러다임이라고 했다. 패러다임 뒤에 가장 자주 붙는 말은 '전환'이다. 패러다임은 언젠가 변하기 마련이다. 실험실에서 생명을 연구하는 방식도 클린 벤치에서 세포를 보는 방식에서 컴퓨터 앞에 앉아 유전체를 들여다보는 방식으로 확장되고 있다. 세포를 키우는 방법마저도 조금씩 변하고 있다. 배양접시에 한 층씩 키우던 세포를 3차원 덩어리로 키우기도 하고, 오가노이드organoid라는 미니 장기를 만들어 몸속의 복잡한 환경을 재현하기도 한다. 일차 배양 세포가 얼마 되지 않아 죽는다면 조직이나 장기째 들어내 살리기도 한다. 인류가 인간의 몸에서 최초로 꺼낸 생명은 스스로 불어나는 암 종양이었지만, 앞으로 실험실에서 다룰 생명이 얼마나 인간에 닿아 있을지는 두고 볼 일이다.

코로나19 치료에 등장한 태아 조직

실험실의 세포 공장, HEK293

2017년부터 2021년 1월까지 미국의 대통령은 도널드 트럼프였다. 트럼프 대통령은 극우 정책과 비과학적 발언으로 악명이 높았다. 트럼프의 비과학적 발언은 2020년 코로나19 사태와 맞물려 더욱 커졌다. 트럼프는 본인이 코로나19에 감염되기 전까지, 예방을 위해 말라리아 치료제인 클로로퀸chloroquine을 먹어보니 느낌이 좋다며 극찬했다. 그런데 본인이 코로나19에 걸리자 최신 항체 치료제로 누구보다 빠르게 회복해 백악관에 돌아왔다. 사람들은 낙태 반대론자 트럼프가 낙태한 태아로 만든 코로나19 치료제를 맞고 회복되었다며 빈정댔다. 그럴 만했다. 트럼프를 회복시킨 항체 치료제의 개발 과정에 '낙태아 세포'가 들

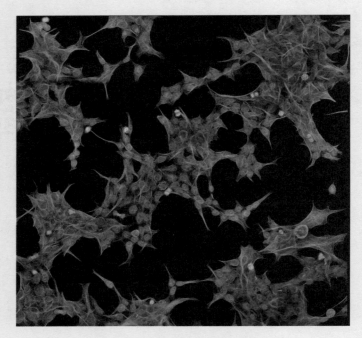

●● 형광현미경으로 촬영한 HEK293 세포

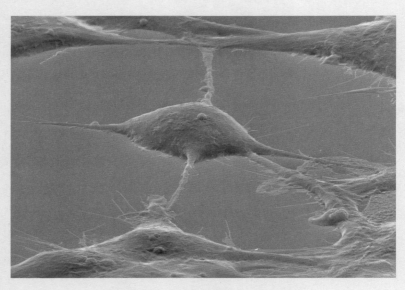

●● 전자현미경으로 관찰한 HEK293 세포

어갔기 때문이다. 하지만 치료제 개발에 필요했다는 낙태아 세포의 이름을 확인한 순간, 표리부동한 미국 대통령에 빈정대려던 마음이 순식간에 사라졌다. HEK293이 어떤 세포인지 알면 이 난감한 기분에 동감할 수 있을 것이다.

HEK293 세포Human Embryonic Kidney 293 cell(인간 배아 콩팥(신장) 293 세포)는 1973년 캐나다의 과학자 프랭크 그레이엄이 개발한 불멸화 세포주이다. 헬라세포가 원래부터 암세포라서 죽지 않는다면, HEK293은 태아의 콩팥세포에 암을 일으키는 종양 유전자를 넣어서 불멸이 된 세포주이다. HEK293은 인간 유래 세포라서 인간에 적용할 연구를 시험하기에 좋다. 단백질 의약품을 만드는 산업계에서도 유용하다. 같은 단백질도 쥐나 햄스터 세포보다 인간 세포에서 만들어질 때 인간 단백질에 가까워지고, 면역 반응도 줄어들기 때문이다.

HEK293은 지금껏 만나본 세포 중 가장 편한 세포였다. 실험실에서 연구하던 시절 '헥셀'이라 부르며 애용했다. 헥셀은 열두 시간 만에 두 배가 된다고 한다. 내 경험으로는 헥셀이 열 배로 불어나 배양접시를 채우는 데 3일이 채 걸리지 않았다. 어떻게 키워도 잘 자라니 실험에 대한 부담도 많이 줄었다. 헥셀 한 접시로 내 연구도 챙기면서 동료 여섯 명의 실험 재료를 함께 만들었다. 다른 세포였다면 배양 주기에 맞춰 주말을 포기해야 했겠지만, 헥셀은 자라는 속도에 맞춰 금요일이나 월요일로 실험 일정을 조정할 수 있었다.

HEK293은 헬라세포만큼 유명하지는 않다. 다행이다. 세포의 유래가 정확하지 않고 알려진 사실도 떳떳하지 않기 때문이다. 인간 배아 콩팥 293 세포라는 이름을 가지고 있지만, '인간'과 '293' 말고는 진위를 알 수 없다. 염색체를 살펴보면 인간 여성의 세포인 것까지는 확인된다. 하지만 HEK293의 주인이 누구이고, 아이의 부모가 누구였는지 아무것도 모른다. 발생 초기인 배아의 세포였는지, 장기를 어느 정도 갖춘 태아의 세포였는지도 알 수 없다. 20세기 중반, 과학자들은 인간의 몸을 벗어나서도 잘 자라는 세포를 찾다가 유산되거나 낙태당한 태아까지 손을 댔다. 어른의 세포보다 어린아이의 세포가 더 잘 분열하기 때문이다. 하지만 그들은 세포가 어디서 왔는지에는 관심을 두지 않았고, 학술지도 그런 '사소한' 정보를 요구하지 않았다. 실험용 생쥐조차 어느 농장에서 왔는지 보고해야 하는 요즘으로서는 상상할 수 없는 일이다.

HEK293은 콩팥세포도 아니다. 세포의 정체는 세포가 만드는 단백질로 추측할 수 있다. 콩팥은 혈액을 여과해서 오줌으로 배출하는 기관이니 콩팥세포가 만드는 단백질도 여과와 관련 있어야 한다. 그런데 HEK293이 만드는 단백질은 콩팥보다 신경세포에 가까웠다. 이상하게 여긴 과학자들이 2014년 HEK293의 유전체를 분석했고, HEK293은 콩팥 근처 부신adrenal gland에서 유래했을 것이라는 결론을 내놓았다. 부신과 신경계는 발생 중 같은 조직에서 분화한다. 분화는 세포가 다른 세포로 변하는 능력이다. 덜 분화된 부신에서 유래한 HEK293이 신경세포와 비슷할 법도 하다.

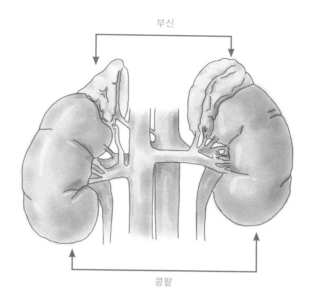

부신

콩팥

●● 부신과 콩팥의 구조와 위치

앞서 말했듯이 293이라는 숫자만 정확하다. 세포주를 만든 그레이엄이 어딘가에서 얻은 인간 세포에 종양 바이러스를 넣는 일을 반복하다가 293번째 만에 성공해서 붙인 이름이기 때문이다. HEK293의 의미를 살려서 제대로 이름을 붙인다면 HE/FA293 cellHuman Embryonic/ Fetal Adrenal gland 293 cell이 될 것이다. 입에 착 달라붙기가 헥셀보다 못하다.

무엇보다 엄밀할 것 같은 과학이, 그것도 생명을 다루는 생명과학이 정체도 모르는 세포를 50년간 써왔다는 이야기가 의아할 것이다. 이제 와서 변명하자면 HEK293은 연구 대상이라기보다 실험 도구에 가깝다. 실험실에서 HEK293은 주로 실험에 필요한 유전자와 단백질을 생산하는 데 쓰인다. 주인과 함께 살며 매일 우유와 달걀을 주는 젖소나 암탉 같은 존재이다. 장세포가 장에 소화 효소를 분비하는 것처럼 HEK293은 연구에 필요한 물질을 만든다.

수십 년 실험 역사에서 HEK293은 형질 주입transfection이라는 실험 기술에 최적화되었다. 형질 주입이란 세포에 연구자가 원하는 유전자를 넣는 실험 방법이다. 형질 주입으로 HEK293에 형광단백질의 유전자를 넣으면 HEK293은 주입된 유전자를 읽어 녹색형광단백질을 만든다. 연구자는 HEK293이 만든 단백질을 수확해서 본격적인 실험에 착수한다. 형광현미경에서 푸르게 빛나는 HEK293을 보게 되는 것이다.

세포로 만들 수 있는 물질은 다양하다. 형질 주입은 기본적으로 세포에서 원하는 단백질을 얻는 실험 기법이지만, 유전자 자체를 대량 생산하는 데도 형질 주입을 이용한다. 딱 하나의 세포에만 형질 주입이 성공해도, 그 세포가 분열해 수가 늘어나면 주입한 DNA도 그만큼 불어난다. HEK293 내부에서 유전자와 단백질을 조립해 바이러스 같은 복잡한 생체 물질도 만들어낼 수 있다.

트럼프를 회복시킨 코로나19 항체 치료제와 함께 코로나19 백신을 만드는 과정에도 HEK293이 쓰였다. 코로나바이러스에는 인간 세포에 파고드는 돌기 단백질spike protein이 존재한다. 과학자들은 코로나19 치료제나 백신을 만들 때 돌기 단백질을 활용했다. 영국 제약회

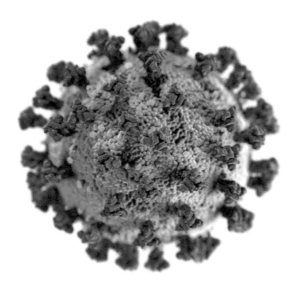

●● SARS-CoV-2 바이러스의 표면에 달린 돌기 단백질

사 아스트라제네카에서 만든 백신은 인체에 무해한 아데노바이러스 adenovirus의 껍질 안에 코로나19 돌기 단백질의 유전 정보를 넣은 형태 이다. 바이러스 껍질 유전자와 코로나19의 돌기 단백질 유전자를 이어 서 HEK293에 형질 주입하면, 세포 내부에서 둘이 조립되어 코로나바 이러스 돌기 단백질의 정보만 담은 무해한 바이러스가 밖으로 나온다. 아스트라제네카의 바이러스 백신이 만들어지는 과정이다. 복잡한 백 신도 HEK293을 생체 공장으로 활용하면 전 세계에 공급할 만큼 대량 생산할 수 있다.

미국 제약회사 모더나와 화이자에서 만든 mRNA 백신은 아스트라제네카의 바이러스형 백신과 구조가 다르지만, 이곳에서도 HEK293을 활용했다. 연구 개발 단계에서 HEK293에 코로나바이러스의 돌기 단백질을 붙여 백신의 효능을 검증하는 용도로 사용한 것이다. 코로나바이러스의 유전 정보를 HEK293에 형질 주입하면, HEK293 세포막에도 코로나바이러스의 돌기 단백질이 생겨난다. 다시 말해 내용물은 HEK293인데, 겉에는 코로나바이러스 단백질이 나타나는 혼종 세포가 된다.

연구진은 '코로나19 혼종 HEK293' 덕분에 바이러스에 감염되지 않고서도 바이러스 치료와 예방법을 연구할 수 있었다. 사람이 코로나19에 걸리거나 백신을 맞으면 면역 반응에 의해 항체가 생성된다. 한 번 코로나19에 걸렸던 몸이 또다시 코로나19에 걸릴 경우 이전에 만들어진 항체가 코로나바이러스의 돌기 단백질에 결합해서 바이러스를 무력화해야 이겨낼 수 있다. 연구진은 백신을 맞고 만들어진 항체가 혼종 HEK293에 솟아난 돌기 단백질을 무력화하는지 확인함으로써 사람을 바이러스에 노출시키는 위험한 실험 없이도 백신의 효능을 테스트했다. 헬라세포가 소아마비 백신을 검증한 것과 같은 원리이다.

50년 전 어느 태아의 조직이 불멸을 얻더니 오늘날 복잡한 약품을 만드는 최적의 세포 공장이 되었다. 죽지 않는 젖소가 전 세계 농장에 퍼져 소비자들이 원하는 온갖 맛의 우유를 만드는 셈이다. 그러나 HEK293은 젖소도 아니고, 세상에 태어나지 못한 채 실험실에서 영원히 노력하는 아기도 아니다. 한나절에 한 번, 두 배로 분열하는 세포일 뿐이다. HEK293 세포주가 개발되지 않았다면 연구자들은 잘 자라는 인간 세포가 필요할 때마다 낙태된 태아나 아기의 조직을 찾았을지도 모른다. 인간과 비슷하지도 않은 동물을 대상으로 실험을 반복하며 수많은 생명을 의미 없이 죽였을 것이다. 21세기에는 과학이 발전해 누군가의 피부세포의 시간을 되돌려 줄기세포로 바꾼다는 대안이 생겼지만, 이러한 성과도 과거의 연구가 없었다면 얻지 못했을 것이다.

HEK293이 개발되고 50년이 지났다. 그사이 학계의 윤리 수준도 높아졌다. 이제는 선배 과학자처럼 윤리를 무시하고 연구할 수 없다. 실험에 필요한 윤리 절차도 많아졌다. 모든 실험은 연구 기관에 있는 윤리위원회의 승인을 받아야 시작할 수 있다. 목적이 수단을 정당화하는 연구를 계획해봐야 '이 방법보다 더 윤리적인 대안이 없는가'라는 질문에 가로막힌다. 태아의 세포를 이용하겠다는 실험 계획에는 '시간이 걸리더라도 어른 세포의 시간을 되돌린 줄기세포를 쓰라'는 답을 받을 것이다. 대안을 무시하고 연구를 강행하더라도 과학적 명성을 얻을 수 없다. 오늘날 《네이처Nature》나 《셀Cell》 같은 저명한 학술지는 윤리위원회의 승인을 받지 않은 연구는 제출조차 허락하지 않는다.

현대 윤리에 맞지 않는 과거의 연구가 과학의 귀중한 자산이 되어버린 사례는 한둘이 아니다. 포르투갈 의사 안토니우 모니스는 중증 정신질환을 치료하는 탁월한 방법이라던 '전두엽 절제술'을 고안해 1949년에 노벨 생리의학상을 받았다. 당시 전두엽이 파괴당한 불행한 환자들은 인간 뇌의 전두엽이 자아와 주요 인지 기능을 담당한다는 것을 확실하게 알려주었다.

HEK293은 '낙태아의 세포를 꺼내 배양하는 것이 옳은가'라는 질문이 나오기 전에 '낙태아의 세포를 꺼내 배양하는 것이 가능한가'에 답한 결과다. 새로운 개념이 생기는 과정에서 사회·윤리적 논의는 한 발씩 늦을 수밖에 없다. 기술과 윤리의 간격을 좁히기 위해서는 출발이 나빴다고 연구를 통째로 지울 것이 아니라, 모두에게 과학적 맥락을 공유해야 한다. '낙태아의 세포를 꺼내 배양하는 것이 옳은가'와 '과거에 꺼낸 낙태아의 세포를 오늘날까지 사용해도 되는가'는 다른 질문이다. 후자에 '그렇지 않다'고 답하는 사람은 HEK293을 쓰지 않을 때 생길 생명의 기회비용에 해명해야 한다.

트럼프의 행실을 비난하고 싶더라도 낙태아 세포까지 들먹일 필요는 없었다. '코로나19 항체 치료제와 백신에 낙태아 세포가 들어간다'고 표현하면 '낙태아 세포'라는 말만 남는다. 이미 낙태아 세포가 귀에 박힌 사람들에게는 사실을 해명하고 맥락을 알리기 어려워진다. 헨리에타 랙스가 사망한 후에도 반세기 넘게 살아가는 헬라세포처럼 태생조차 확실하지 않은 HEK293은 전 세계 과학 연구의 도구로 유용하게 쓰이고 있다. 과학의 권위가 분야 바깥에서 오는 비판을 튕겨내서는 안 되겠지만, 고작 사람들의 오해 때문에 잘 쓰던 연구 도구를 버린다면 함께 잃을 진보와 생명이 너무 많다.

3

주사 한 방에
햄스터 기운이 솟아나요

바이오 산업을 책임지는 CHO 세포

　　몸을 벗어난 생명의 쓸모는 유용한 물질을 만드는 것. 실험실에서 가능한 일을 공장 규모로 키우지 못할 것도 없다. 세포를 단백질 생산 공장으로 쓴다는 아이디어는 바이오 제약 산업이라는 새로운 시장을 열었다. 바이오 제약회사에서 새로이 개발된 바이오 의약품은 수천만 난치병 환자의 고통을 덜었다.

　　바이오 의약품을 이용하는 환자나 바이오 업계에 투자를 고민하는 사람들은 바이오 의약품이 무엇인지 알겠지만, 이런 사람들도 바이오 업계가 어떤 생명으로 유지되는지까지는 모를 것이다. 오늘날 바이오 제약업은 햄스터 세포로 돌아간다. 바이오 제약회사인 셀트리온과

●● 중국 햄스터

삼성바이오로직스에서 만드는 햄스터 세포 배양액의 부피는, 두 회사
가 있는 인천광역시 송도의 강아지와 고양이를 합친 부피보다 크다.

　　셀트리온과 삼성바이오로직스가 홈페이지에 공개한 자사 생산 규
모는 각각 19만 리터, 36만 4,000리터이다. 반려동물 한 마리 무게를
5킬로그램이라고 할 때 물의 밀도를 기준으로 부피를 구해 나누면 11만
마리이다. 공장 배양기에 반려동물 11만 마리를 넣을 수 있다는 의미
이다. 2020년 기준 송도 인구는 약 18만 명이니, 1인 1반려동물을 하지
않는 이상 두 회사가 키우는 세포 배양액이 반려동물의 총부피보다 크

다. 오해는 금물이다. 송도 지하에 거대한 햄스터 농장이 있는 것은 결코 아니다. 바이오 제약회사가 키우는 생명은 배양액 속에서 찰랑대는 CHO 세포이다.

CHO 세포Chinese Hamster Ovary cell는 이름대로 중국 햄스터라는 햄스터 종의 난소에서 추출한 세포주이다. '초셀' 또는 '초세포'라고 읽는다. CHO 세포는 몸을 벗어난 생명 중 바이오 업계에서 제일 많이 쓰이는 세포이다. 대장균을 더해 계산해도 CHO 세포 비중이 제일 높다. 미국 식품의약국FDA에서 승인한 세포 유래 바이오 의약품 중 70퍼센트가 CHO 세포에서 나온다. 2020년 기준 세계에서 가장 많이 팔린 약인 미국 애브비의 자가면역질환 치료제 휴미라, 2021년 셀트리온이 개발한 코로나19 치료제 렉키로나까지 모두 CHO 세포로 생산한다.

코로나19 항체 치료제, 성장 호르몬, 혈액 응고 저해제 등 모든 바이오 의약품은 단백질이다. 단백질은 화학적으로 만들기에는 너무 복잡하지만, 세포에 단백질의 유전 정보를 주입하면 상대적으로 간단하게 만들 수 있다. 장세포가 장에 필요한 소화 효소를 만들고, 모낭 속 멜라닌세포가 머리카락을 검게 하는 멜라닌을 만들듯, 몸을 벗어난 세포도 원하는 단백질의 유전 정보를 주입받으면 단백질을 만들어낸다. 게다가 세포는 분열한다. 세포 하나가 단백질 한 덩이를 만든다면 분열해서 열 개가 된 세포는 단백질 열 덩이를 내놓는다. 송도의 두 회사가 동네 반려동물의 부피보다 커다란 CHO 세포 공장을 세운 것도 이해할 만하다.

최초의 바이오 의약품은 1979년 미국의 생명공학 회사 제넨텍이 만든 인슐린이다. 인슐린은 혈액의 포도당 농도를 조절하는 호르몬이다. 몸속에서 인슐린을 만들지 못하거나 인슐린이 있어도 제 기능을 하지 못하면 당뇨에 걸린다. 단백질 호르몬인 인슐린은 화학적으로는 합성할 수 없다. 다시 말해 공장에서 생산할 수 없다. 그래서 예전에는 돼지의 췌장에서 만들어지는 인슐린을 추출해 약으로 만들었다. 몸을 벗어난 세포에 유전 정보를 주입해 생산한 단백질을 '재조합 단백질'이라고 하는데, 제넨텍에서 재조합 인슐린을 만든 후에야 당뇨 환자들은 저렴한 가격에 인슐린을 맞게 되었다.

최초의 바이오 의약품이 출시된 지도 40년이 지났다. 글로벌 바이오 제약 산업은 2020년 기준 3,250억 달러(한화 약 443조 원)에 이를 만큼 커졌다. 전 세계인이 들고 다니는 스마트폰의 시장 규모가 3,783억 달러(한화 약 516조 원)라고 하니 바이오 제약 시장이 얼마나 거대한지 가늠할 수 있다. 셀트리온과 삼성바이오로직스가 대표하는 한국의 바이오 제약 산업도 날로 커지고 있다.

바이오 제약 산업이 스마트폰 시장만큼 크다고 해도 일상에서 바이오 의약품을 만나기는 쉽지 않다. 약이지만 약국에 가도 보이지 않는다. 바이오 의약품은 주로 위중한 병에 처방되기 때문이다. 주변에서 보이는 의약품 대부분은 합성 의약품으로, 구조가 단순해 화학 공정으로 생산한다. 바이오 의약품은 합성 의약품보다 공정이 복잡하고 생산 비용도 많이 든다. 수지 타산이 맞으려면 화학 공정으로는 못 만드는 약을 만들어야 한다. 그렇게 만들어진 바이오 의약품이 암세포만 골라내서 공격한다는 표적 항암제, 이유 없이 자신의 항원에 대해 항체를 만들어서 생기는 자가면역질환 치료제 등이다. 환자가 아닌 이상 이름도 듣기 힘든 약이다.

CHO 세포가 바이오 산업을 이끌게 된 역사는 80년 전으로 거슬러 올라간다. 20세기 중반부터 중국 햄스터는 연구용으로 전망이 좋았다. 특히 CHO 세포의 염색체 수가 적다는 점이 연구에 제격이었다. 인간 염색체가 23쌍, 생쥐 염색체가 20쌍인데 비해 중국 햄스터의 염색체 수는 11쌍으로 다른 동물의 절반이다. 현미경에 눈을 박고 염색체를 하나하나 좇던 시대에 염색체 수가 적은 중국 햄스터는 세포 연구의 구세주가 되었다. 1940년대 후반 중국 햄스터는 중공군의 눈을 피해 중국에서 미국으로 넘어왔다. 이번에도 과학자들은 중국 햄스터를 길러 동료 연구자에게 아낌없이 나눠 주었다. 중국 햄스터는 여러 연구실로 퍼지며 새로운 실험 모델이 되었다.

1957년 헬라세포를 연구하던 유전학자 테오도르 퍽도 암컷 중국 햄스터 한 마리를 얻었다. 퍽은 햄스터 난소의 세포를 추출해 CHO 세포라고 이름 붙였다. CHO 세포는 헬라세포보다 빠르게 분열했고, 암세포가 아닌데도 끝없이 배양할 수 있었다. 퍽은 CHO 세포에 '포유류판 대장균'이라는 별명을 붙인 다음 전 세계 과학자에게 나눠 주었다. 이후 퍽을 비롯한 수많은 과학자가 CHO 세포를 개량해 새로운 세포주를 만들었다.

실험실의 CHO 세포는 30년 만에 단백질을 생산하는 전문 공장이 되어 바이오 산업에 쓰이게 되었다. CHO 세포로 생산한 최초의 바이오 의약품은 1987년 FDA가 승인한 제넨텍의 액티바제이다. 혈액에 뭉친 혈전을 녹이는 단백질로, 급성 심근경색이나 뇌출혈 환자를 살리는 약이다. 이후 40년 동안 CHO 세포를 이용한 단백질 의약품은 50여 종이나 출시되었다. CHO 세포 생산 공정도 유전자 선별부터 배양기까지 전 단계에서 고도로 최적화되었다. 오늘날 CHO 세포는 1리터당 10그램의 단백질 의약품을 생산한다. 1987년 생산량이 1리터당 50밀리그램이었으니 2021년 기준으로 35년 만에 200배나 증가했다.

CHO 세포 생산 공정이 아무리 최적화되었더라도 연구자의 일이 사라진 것은 아니다. 바이오 의약품마다 단백질 구조가 달라서 새로운 유전자를 넣을 때마다 최적화 작업도 처음부터 다시 시작한다. 최적의 세포를 만드는 작업은 DNA 서열을 가다듬는 데서 시작한다. 같은 단백질이라도 DNA 서열을 조금씩 다르게 할 수 있는데, 세포주에 따라 단백질을 만드는 효율이 달라진다. CHO 세포에 최적화한 DNA 서열을 CHO 세포에 형질 주입해도 어떤 세포는 형질 주입이 완전히 실패하기도 하고, 어떤 세포는 형질 주입이 잘되어 단백질을 많이 만들어내기도 한다. 그래서 생산 공정에 제일 적합한 세포를 선별하는 것도 일이다. 이후로는 작은 배양기에서 시작해 규모를 키워가며 최적의 배양 조건을 찾는다. 이 모든 단계에 연구자의 노동이 들어간다.

다행인 점은 CHO 세포 배양이 다른 어떤 세포보다 편하다는 것

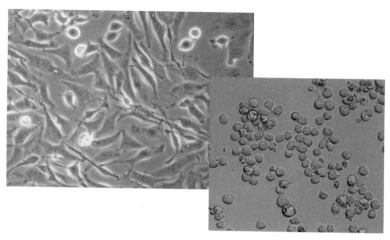

●● 부착 세포 상태의 CHO 세포(위)와 부유 세포 상태의 CHO 세포(아래)

이다. HEK293 세포도 연구자에게 편한 세포라고 했지만, 부유 세포인 CHO 세포에는 견줄 수 없다.

세포를 유지하려면 사나흘에 한 번씩 배양접시를 옮겨주는 계대 배양을 해야 한다. HEK293을 비롯한 실험실 세포 대부분은 배양접시 바닥에 발을 내리고 자라는 부착 세포이다. 부착 세포를 계대 배양하는 일은 연구자의 손을 많이 탄다. 연구자의 손재주에 따라 세포가 무탈하게 잘 붙을 수도 있고, 배양한 다음 날 둥둥 뜬 채 죽어 있을 수도 있다. 부착 세포를 계대 배양하기 위해서는 세포를 바닥에서 떼어내야 한다. 화분을 분갈이할 때 식물 뿌리가 다치지 않도록 온전히 뽑아야 하는 상황과 같다. 연구자는 뿌리에 달라붙은 흙을 손으로 터는 대신 효소를 이용해 세포 사이를 찢는다. 효소는 바닥과 세포, 세포와 세포를 분리하지만, 세포 자체를 찢어버리기도 해서 조심히 다루어야 한다. 세포를 새 접시에 옮길 때도 세포가 바닥에 골고루 붙을 수 있도록 잘 펴주어야 한다.

바이오 공정에 쓰이는 CHO 세포는 부유 세포이다. 식물로 비유하자면 물에 떠서 자라는 개구리밥과 같다. 어릴 적 이웃집에서 키우던 물상추가 예뻐서 분양을 받아온 적이 있었다. 물상추 한 포기를 컵에 옮겨다가 우리 집 어항에 띄우기만 했는데도 새끼를 치며 잘 자랐다. 부유 세포를 계대 배양하는 일이 물상추 불리기와 비슷하다. 세포가 들어 있는 배양액 한 방울을 새로운 배지를 넣은 접시에 떨어뜨리면 끝이다. 공정은 매 단계 엄밀해야 하므로 세포 배양액의 밀도도 측정해야 하고, 계산해서 나온 배양액도 정확한 부피로 옮겨야 하지만, 부착 세포로 공정을 했다면 작업량은 훨씬 많았을 것이다.

세포 공정 개발의 고통은 실험의 양에서 나온다. 첫 단계에서 결정된 CHO 세포가 이후 모든 공정을 책임진다. 최적의 CHO 세포를 찾기 위해서는 후보의 수를 늘려야 한다. 수백 개의 플라스크를 배양하며 가장 좋은 세포를 골라내는 작업이다. 세포에 형질 주입을 한 후에는 단백질을 가장 잘 만드는 플라스크를 선별한 후 배양액에 들어 있는 세포를 한 개씩 분리한다. 세포 한 개가 분열해서 수십, 수백여 개의 후보 세포주가 된다. 이 후보 세포주를 키워서 어떤 후보가 단백질 생산을 많이 하는지 경주를 붙인다. 최종적으로 단백질을 가장 많이 만드는 세포주에게 배양기에 들어갈 자격이 주어진다.

　　세포주를 키우는 도중 오염이 일어나기도 한다. 오염이 일어나면 실험이 통째로 날아간다. 그래서 바이오 제약회사 실험실에선 데이터 회사가 백업을 저장해 데이터를 복구하듯, 세포 배양액도 미리미리 조금씩 얼려두고 비상시에 녹여서 실험을 재개한다. 그럼에도 먼지 가득한 대학원 실험실보다 FDA나 유럽의약품청EMA 같은 세계 의약품 허가 기관의 감사를 받으며 실험실을 운영하는 제약회사에서 오염이 더 잘 일어난다는 사실은 역설적이다. 앞에서도 언급했지만 단백질 의약품을 생산하는 세포주는 항생제를 넣어서 키울 수 없기 때문이다.

　　데이터 백업이 마지막 저장까지의 결과물을 살리듯, 백업 세포주도 백업 이전의 실험 결과를 복구해줄 것 같다. 그러나 생명은 데이터와 다르다. 해동한 세포가 수를 불리는 데 시간과 노동이 들고, 그렇게 수를 불린 세포가 이전과 같은 생산력을 유지한다는 보장도 없다. 연구자는 세포주 하나를 고르기 위해 손목이 부러질 만큼 실험을 한다. 과장이 아니다. 과도한 실험으로 일어나는 관절 부상은 이 분야에서 자주 일어나는 산업재해이다.

　　바이오 산업에는 CHO 세포만큼은 아니어도 다양한 세포주가 쓰이고 있다. 특히 인간 세포로 만든 의약품은 햄스터 세포를 쓸 때보다 면역 반응이 덜 일어난다. 실험실의 세포 공장인 HEK293도 귀중한 의약품 생산 원료이다. HEK293으로는 아스트라제네카의 코로나19 백신 같은 바이러스형 백신을 만들거나 혈우병 환자를 위한 혈액 응고 인자를 생산한다. 그래도 아직까지는 60년 동안 이루어진 CHO 세포의 최적화 수준을 따라잡은 세포주가 없다. 2021년 기준 시장에 나오거나 승인을 기다리는 인간 유래 세포 의약품은 열 개가 되지 않는다.

의약품 허가 기관의 승인 요건은 매우 엄격하다. 인간 유래 세포주는 헬라세포처럼 암세포 유래 세포주가 많다. 허가 기관은 행여라도 암세포가 암을 일으킬까 우려해 암세포에서 유래한 세포주로 만든 바이오 의약품을 잘 승인하지 않는다. 윤리적인 문제도 고민거리다. HEK293도 CHO 세포처럼 오랫동안 연구되고 최적화된 세포주이지만, HEK293으로 약품을 만들었다가는 코로나19 백신을 개발할 때처럼 낙태아 세포로 치료제를 만들었다는 비판이 나올 수 있다. 제약회사 입장에서는 오랜 시간 안정성이 확인된 CHO 세포를 선택하는 편이 가장 안전하다.

인간 세포가 만드는 단백질이야말로 사람과 제일 가까우므로 언젠가는 인간 세포가 CHO 세포를 추월해 전 세계 바이오 의약품 생산을 도맡을지도 모르겠다. 환자 자신의 줄기세포를 이용해 면역 반응이 없고 윤리적으로도 깨끗한 '맞춤형 의약품 생산 세포'나 약물조차 필요 없는 '치료용 면역세포'가 나올 수도 있다. 아직은 먼 이야기이다. CHO 세포의 최적화 수준을 따라잡고, 허가 기관과 의료계에서 인정받기까지는 오랜 시간이 걸릴 것이다. 그날이 올 때까지 햄스터 세포는 쳇바퀴 대신 바이오 배양기를 빙글빙글 돌며 전 세계 환자에게 필요한 단백질 의약품을 만들 것이다.

약 잘 만드는 착한 세포 찾기

CHO 세포가 처음부터 바이오 산업의 주재료는 아니었다. 최초의 바이오 의약품인 인슐린은 대장균으로 만들었다. 이후로도 미생물 유래 바이오 의약품은 꾸준히 만들어졌다. 하지만 미생물로는 복잡한 단백질을 만드는 데 한계가 있다. 미생물이 만든 단백질은 사람 몸에 투여했을 때 면역 반응을 일으키기도 한다. 면역 반응은 외부 물질이 숙주와 다를수록 격렬해진다. 연구자들은 면역 반응이 적은 단백질을 만들기 위해 대장균보다 사람에 가까운 세포를 찾아다녔다. 대장균과 CHO 세포 사이에는 효모나 곤충 세포도 사용되었다.

DNA는 단백질을 구성하는 아미노산의 순서를 담고 있다. DNA의 정보에 따라 아미노산이 차곡차곡 결합하고, 아미노산 사슬이 뭉쳐 단백질 덩어리가 된다. 그렇지만 복잡한 단백질은 아미노산만으로 이루어지지 않는다. 어떤 단백질은 아미노산 사이에 당 사슬이 붙는 당화 과정glycosylation을 거쳐야 비로소 완전해진다. 당화 과정은 대장균 같은 세균에서는 일어나지 않으며, 식물이나 동물 세포라도 종에 따라 당 사슬을 이루는 당의 종류가 달라진다. 인간 세포에서 만드는 단백질이 사람의 몸에서 가장 잘 작동하고, 사람과 가까운 생명일수록 사람에 가까운 단백질을 만드는 이유이다.

그러나 인간 세포는 복잡한 시스템이다. 포유류 세포로는 대장균에서만큼 원하는 단백질을 쉽게 대량으로 생산할 수 없었다. CHO 세포가 아무리 포유류판 대장균이라고 하더라도 진짜 대장균의 효율과 비교할 수 없다. 대장균은 20분에 한 번 분열하지만, CHO 세포는 하나가 두 개 되는 데 한나절에서 하루가 걸린다.

포유류 세포처럼 세포의 구조가 복잡하면 세포 안에 유전자를 주입한 다음 주입이 잘 되었는지 확인하기도 어렵다. 반면 대장균은 쉽다. 연구자들은 원하는 유전자Gene Of Interest, GOI(인슐린을 생산한다면 인슐린 유전자가 된다)가 들어간 대장균을 선별하기 위해 항생제 내성 유전자를 이용한다. 대장균에 항생제 내성 유전자와 원하는 유전자를 한꺼번에 넣는다. 유전자를 주입한 대장균 배지에 항생제를 넣으면 항생제 내성 유전자가 있는 대장균만 생존한다. 생존한 대장균은

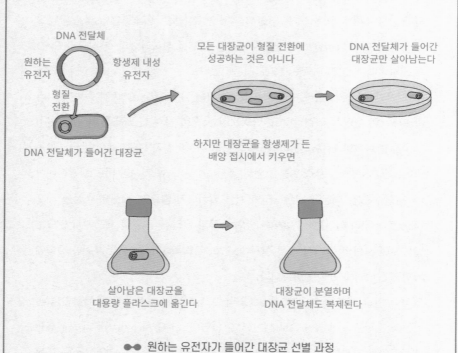

●● 원하는 유전자가 들어간 대장균 선별 과정

원하는 유전자를 복제한다. 그러나 이 방법은 항생제에 죽는 대장균에서만 통용된다. 항생제를 넣는다고 해서 죽진 않는 포유류 세포에서는 원하는 유전자가 잘 들어갔는지 확인할 마땅한 방법이 없었다.

과학은 이전 연구를 발판으로 발전한다. 포유류 세포의 선별 방법은 대장균 선별 방법과 원리가 비슷하다. 항생제 내성 유전자는 항생제가 듣지 않는 미생물에서 발견한 해결책인 반면, 포유류 세포를 선별할 내성 유전자는 항암제를 이겨낸 암에서 찾아냈다.

1976년 미국 스탠퍼드대학교의 과학자 로버트 슈미케는 암세포에서 항암제 내성이 생기는 원리를 연구하고 있었다. 세포가 살기 위해서는 DNA를 만들어야 하는데, 슈미케가 연구하던 항암제는 DNA를 만드는 효소의 활동을 막아서 세포를 죽이는 약이었다. 항암제임에도 세포의 생존에 필요한 효소 활동을 막다 보니 정상 세포와 암세포를 가리지 않고 다 죽였다. 그런데 이렇게 독한 항암제를 투여해도 어떤 암세포는 살아남았다. 슈미케가 살아남은 암세포의 유전자를 분석했더니 항암제가 막던 문제의 효소 유전자가 수백에서 수천 배까지 늘어나 있었다. 결국 암세포는 항암제 내성 유전자를 만든 게 아니었다. 대신 항암제가 막던 효소의 유전자를 잔뜩 늘리는 방식으로 항암제를 이겨내고 살아남은 것이다.

1980년 컬럼비아대학교의 분자생물학자 리처드 악셀은 슈미케의 연구를 CHO 세포에 적용했다. 악셀은 CHO 세포에서 DNA 조각을 만드는 효소 유전자가 망가진 새로운 CHO 세포를 만들었다. 생명을 유지하는 중요한 기능이 망가진 세포는 살아남지 못할 것 같지만, 이런 세포도 배지에 직접 DNA 조각을 넣고 키우면 잘 자란다. 새로운 CHO 세포를 단백질 공장으로 만드는 첫 단계는 원하는 유전자와 효소 유전자를 한꺼번에 주입하는 것이다. 이후 배지에 있던 DNA 조각을 빼면 원하는 유전자가 주입된 CHO 세포만 살아남는다. 여기에 슈미케의 맹

독 항암제를 조금씩 넣으며 가장 강한 세포만 살아남도록 유도한다. 대부분의 CHO 세포는 항암제에 죽지만, 소수의 CHO 세포에서 유전자 증폭이 일어난다. 이때 원하는 유전자도 함께 불어나므로 살아남은 세포에서 만드는 단백질 양이 열 배에서 스무 배까지 증가한다.

바이오 의약품의 대량생산을 가능하게 한 또 다른 비결은 부착 세포를 부유 세포로 바꾼 것이었다. 흙 속에서 자라던 고구마를 수경 재배하는 데 성공한 셈이다. 혈액세포를 제외하면 몸을 이루는 세포는 대부분 어딘가에 붙어 자라는 부착 세포이다. CHO 세포도 원래는 부착 세포였다. CHO 세포를 가만히 두면 배양접시 바닥에 가라앉아 붙어 자란다.

실험실에서 키우던 세포를 대량생산하기 위해서는 공장 규모로 스케일 업scale-up을 해야 한다. 스케일 업은 단순히 크기를 늘리는 작업이 아니다. 라면 한 개를 끓이기는 쉽지만 라면 열 개를 끓이려면 물과 스프의 양, 끓이는 시간까지 새로 맞추어야 한다. 부착 세포 배양을 스케일 업하는 것은 훨씬 어려운 작업이다. 초창기 CHO 세포는 2리터짜리 원통의 벽면에서 자랐다. 통을 가로로 눕혀서 빙글빙글 돌리면 세포가 차례로 배지에 적셔지고, 가끔씩 공기에도 접촉해 산소를 얻는 방식이다. 작은 실험실에서야 이 정도 설비로도 단백질을 만들 수 있지만, 산업적으로 규모를 키울 수는 없는 구조였다. 바닥에 붙어 2차원으로 자라는 세포의 수를 늘리는 방법은 표면적을 넓히는 것뿐이다. 그러나 배양 환경을 유지하며 면적을 넓히는 데는 한계가 있었다.

CHO 세포를 부유 세포로 바꾸는 데 성공한 기업은 최초로 바이오 의약품을 출시했던 제넨텍이다. 제넨텍의 연구자들은 배양접시 바닥이나 배양기 벽면에서 자라던 세포를 액체 배지에 띄워놓고 배지를 휘저어 가라앉지 못하도록 했다. 대부분의 세포가 바닥을 찾지 못해 죽었지만 몇몇 세포는 둥그런 형태로 살아남았다. 2차원으로 자라던 세포가 3차원에서 자라나자 같은 부피에서 훨씬 더 많은 세포를 키울 수 있었다. 부유하는 CHO 세포를 이용해 공정 스케일 업도 할 수 있었다. 2리터짜리 통에 붙어 자라던 CHO 세포는 이제 2만리터 규모의 배양기에서도 살아가게 되었다. 바이오 의약품 '공장'이 탄생한 순간이었다.

iPSC는
애플의 신제품이 아니다
줄기세포를 배양하던 줄기세포 대학원생

우리나라가 세계 산업혁명을 이끌 뻔한 순간이 있었다. 그것도 생명공학으로. 2000년대 초 줄기세포는 세상을 바꿀 열쇠였다. 그 시절 줄기세포로 들끓던 열기는 지금 인공지능에 거는 기대와 비슷한 수준이었다. 황우석 박사라는 영웅이 생명 탄생의 비밀을 풀고 세상의 모든 난치병과 장애를 해결하리라고 믿었다. 황우석은 9시 뉴스에 나와 사지마비 환자들의 손을 잡아주었고, 자라나는 아이들에게 과학자의 꿈을 심어주었다. 그러나 황우석의 연구는 조작된 것이었다. 2006년 1월 《사이언스Science》는 황우석의 2004년과 2005년 논문을 철회했다. 우리나라의 생명과학 붐은 그렇게 꺼졌다.

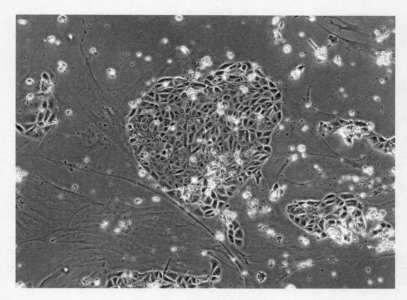

●● 인간 iPS 세포

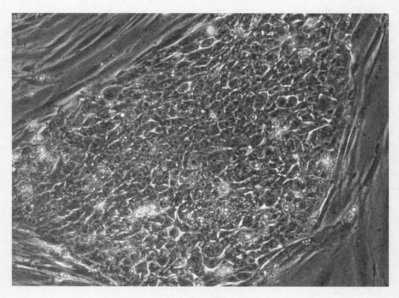

●● 인간 배아줄기세포

이후 줄기세포 연구는 한국과 무관하게 이어졌다. 2006년 일본의 과학자 야마나카 신야는 아무도 생각하지 않던 방식으로 줄기세포를 만들어 세상에 공개했다. 6년 뒤 야마나카 신야는 iPS 세포induced Pluripotent Stem cell, iPS cell(유도만능줄기세포)를 개발한 공로로 노벨 생리의학상을 수상한다. 2006년에 나온 iPS 세포 논문은 2024년 기준 3만 2,000여 개의 연구에 인용되었다.

줄기세포란 세포를 만드는 세포이다. 줄기세포의 종류는 다양하지만, 황우석이 만들고자 했고 야마나카 신야가 만드는 데 성공한 줄기세포는 혈액, 근육, 피부 등 몸을 구성하는 모든 세포가 되는 만능줄기세포이다. 몸에서는 배아줄기세포Embryonic Stem cell, ES cell에 해당한다. 정자와 난자가 결합해서 수정란이 되고 수정란은 곧바로 여러 세포로 분열한다. 배아줄기세포는 수정란이 여러 세포로 분열하는 단계에서 나타나는 세포이다. 배아줄기세포는 몸을 구성하는 다양한 세포로 분화해 아기가 된다. 배아줄기세포가 되지 못한 세포들은 태반처럼 아기가 자라나는 것을 돕는 부분이 된다. 다시 말해 수정란은 모든 세포가 될 수 있지만, 배아줄기세포만으로는 태반을 만들 수 없으므로 몸을 구성하는 모든 세포를 만들지는 못한다. 생명과학은 전자를 전능성totipotent이 있다고 하고, 후자를 만능성pluripotent이 있다고 표현한다. 신경, 혈구, 피부처럼 환자에게 필요한 거의 대부분의 조직은 배아줄기세포의 만능성을 이용해 만들 수 있다.

줄기세포를 마음대로 다룰 수 있다면 그야말로 만병통치약이 된다. 사지마비 환자에게는 신경세포를 만들어 척수를 연결하고, 백혈병 환자에게는 건강한 백혈구를 만드는 조혈세포를 만들어 골수에 넣으면 된다. 전신에 화상을 입어도 피부를 만들어 몸에 입힐 수 있다. 간에 지방이 붙어서 지방간이 되거나 딱딱하게 굳어서 간경화 진단을 받더라도 자신의 세포로 새로운 간을 만들어 이식하면 된다. 2000년대 한국인의 희망이 줄기세포에 모인 데에는 이런 이유가 있다.

그러나 배아줄기세포의 시대는 대의를 위해 누군가의 희생을 묵인하던 시절이었다. 이른바 황우석 사태를 처음 연 언론은 MBC의 〈PD수첩〉이었다. 〈PD수첩〉이 제일 먼저 폭로한 내용은 연구 조작이 아니라 불법 난자 사용이었다. 환자 맞춤 배아줄기세포를 만들기 위해서는 난자가 필요하다. 환자의 체세포에서 핵만 빼낸 후 난자의 세포질과 합쳐 수정란과 비슷한 상태를 만들어야 하기 때문이다. 졸업을 볼모로 잡힌 대학원생, 형편이 어려운 여성, 난치병 환자의 가족들까지 수많은 여성이 난자를 내놓았다. 몸을 망가트리는 과배란 주사를 맞으면서 말이다. 그럼에도 〈PD수첩〉의 보도를 본 수많은 사람이 과학의 발전을 위해서라면 사람을 희생해도 된다고 말했다. 이들은 〈PD수첩〉 광고주 불매 운동을 벌이면서까지 황우석의 연구를 옹호했다.

다행히도 오늘날 줄기세포 연구에 인간 난자가 쓰이는 일은 거의 없다. 2005년 야마나카 신야가 iPS 세포를 발표한 이래 대부분의 줄기세포 실험실은 iPS 세포를 사용한다. iPS 세포는 백혈구나 피부세포 같은 보통 세포를 배아줄기세포로 되돌린 세포이다. 비유하자면 세포의

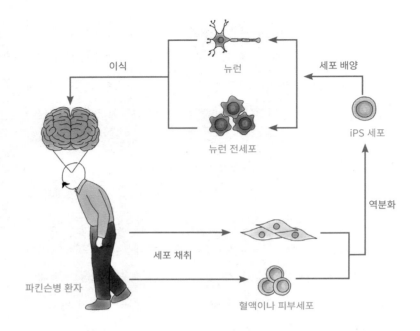

●● iPS 세포를 이용한 파킨슨병 환자 치료

시계를 거꾸로 돌린 것이다. iPS 세포를 만드는 과정에 다른 사람의 난자는 필요 없다.

　새로운 발견을 한 과학자에게는 과학 현상이나 개념에 이름을 붙일 수 있는 특권이 생긴다. iPS 세포라는 이름도 야마나카 신야가 직접 지었다. i를 소문자로 쓴 이유는 뒤에 P를 붙여서 애플의 신제품 같은 느낌을 주고 싶었기 때문이라고 한다.

　줄기세포를 이용한 난치병 연구에서도 배아줄기세포보다 iPS 세포가 주류가 되었다. 2020년 5월, 하버드대학교 의과대학의 김광수 교수는 iPS 세포를 이용해 파킨슨병 환자를 치료했다고 발표했다. 파킨슨병은 70세 이상 노인 100명 중 두 명이 걸리는 퇴행성 뇌 질환이다. 환자는 걷기나 글씨 쓰기 같은 단순한 행동도 어려워하다가 영영 움직이지 못하게 된다. 파킨슨병은 뇌의 도파민 뉴런이 줄어들면서 생긴다. 김광수 교수 연구진은 환자의 피부세포를 채취해 iPS 세포로 만들었다. iPS 세포는 배아줄기세포처럼 몸을 구성하는 어떤 세포로도 분화할 수 있다. 연구진은 iPS 세포를 도파민 뉴런으로 분화시켜 환자의 뇌에 이식했다. 김광수 교수의 연구 말고도 iPS 세포는 코로나19 치료제부터 약물 시험용 세포까지 다양한 분야에 활용되고 있다.

대학원에 입학한 후 연구실에서 맡은 첫 업무는 iPS 세포를 유지하는 일이었다. 내가 iPS 세포를 유지하면 다른 연구원이 일주일에 한 번씩 iPS 세포 덩어리의 일부만 떼어내 다른 세포로 분화하는 씨앗으로 사용했다. 이론적으로 줄기세포는 늙지 않으므로 관리만 잘하면 다른 세포주처럼 무한정 배양할 수 있다. 그러나 영원히 사는 줄기세포는 이상적인 이야기이다. 실제로는 어떤 세포든 오래 배양하면 세포 속에 돌연변이가 생길 수 있어서 몇 달 배양한 줄기세포는 폐기하고 새로운 줄기세포를 꺼내 사용했다.

우리 실험실의 줄기세포 배양 방식은 돈은 많이 들지언정 연구자는 고생하지 않는 방법이었다. 원래 줄기세포는 주변에 다른 세포가 있어야 줄기세포 상태를 유지한다. 줄기세포는 옆에 '줄기세포로 있어줘!'라고 말하는 친구 세포들이 곁에 있어야 줄기세포로 존재한다. 즉 어떤 세포 주변에는 소통할 세포가 있어야 하고, 소통은 화학물질로 한다. 미국 위스콘신대학교 매디슨의 제임스 톰프슨 연구실은 '줄기세포로 있어줘!'라는 메시지를 담은 배지를 만들었다. 앞에서 배지를 설명하며 소개했던, 세포 배양에 꼭 필요한 성분 여덟 가지만 담은 Essential 8 배지다. 이 배지를 사용하면 보조 세포 없이도 줄기세포를 키울 수 있다. 우리 실험실도 Essential 8 배지를 사용했지만, 그럼에도 실험실 줄기세포는 가끔씩 아무 이유 없이 다른 세포로 분화했다. 줄기세포의 본성은 다양한 세포로 분화하여 몸을 구성하는 것이다. 비싼 배지를 주더라도 줄기세포가 계속 줄기세포인 채로 남아 있는 것은 자연스럽지 않은 일이다.

줄기세포는 다른 세포들과 모양이 다르다. 줄기세포 상태를 잃어버리면 동그랗던 세포가 삐죽삐죽해지며 바로 티가 난다. 분화한 세포는 도미노처럼 이웃 세포를 분화시킨다. 배양접시 안의 모든 줄기세포가 서로서로 영향을 주며 다 함께 분화할 수도 있다. 배양접시에 줄기세포가 한 개도 남지 않고 사라지면 냉동된 줄기세포를 녹여 새롭게 배양해야 했다.

매일 아침 줄기세포의 배지를 바꾸고, 현미경으로 분화한 세포를 찾아 없앴다. 클린 벤치의 바람 소리를 들으며 배양접시를 이리저리 옮겨가면서 줄기세포 덩어리를 관찰했다. 삐죽삐죽한 세포가 보이면 뾰족한 플라스틱 피펫 팁으로 세포를 긁어냈다. 긁어낸 세포가 둥둥 뜨면 배지째로 갈아 새 배지를 넣어주었다. 단순한 작업이라서 딴생각하기에 딱이었다. 몸으로는 실험을 하면서 머리로는 앞으로 무엇을 해야 할지 고민했다. 생각거리는 많았다. 박사 과정에 진학할지, 석사만 하고 끝낼지, 졸업하고서는 무슨 일을 할지 모든 것이 막막했다. 눈에 보이는 것이 iPS 세포밖에 없으니 스스로가 iPS 세포가 된 것 같았다.

대학생 시절은 모두가 줄기세포였다. 무엇이든 될 수 있다는 가능성이 있었다. 너무 많은 가짓수 앞에서 고민에 빠졌다. 늦은 밤까지 캠퍼스 편의점 테이블에 앉아 친구들과 가능성을 이야기했다. 연구실 입학, 의학전문대학원, 수능 다시 보기까지 별 이야기가 다 나왔다. 누군가는 일찌감치 길을 정해서 학점을 관리하고 봉사 활동을 다녔다. 누군가는 분화의 시기를 미루며 끝까지 학생으로 있으려고 했다. 나는 우여곡절 끝에 회사에 들어갔다. 회사에서 일하는 동안에도 진로를 고민하는 동기와 후배들의 이야기를 들어주었다. 몇 달 되지 않아 회사 생활이 나와 맞지 않다고 느끼게 되었다. 입장이 바뀌어 상담을 해주었던 친구들에게 상담을 구했다.

회사를 그만두고 학생 신분으로 돌아오니 마치 iPS 세포가 된 것 같았다. 줄기세포였다가 회사원 세포였다가 다시 줄기세포로 돌아온 셈이었다. 무엇이든 될 수 있다는 줄기세포의 만능성이 '아무것도 아닌 상태'로 느껴졌다. 간세포가 독을 중화하는 효소를 만들고, 신경세포가 온몸 구석구석에 신호를 전달할 때, 줄기세포는 무엇이든 될 수 있는 상태를 유지할 뿐 아무 일도 하지 않았다. 회사에서의 나는 부품 중 하나일지언정 역할은 있는 세포였다. 다른 연구원 세포와 함께 회사라는 몸을 이루고 움직였다. 그에 비하면 대학원생이란 대학생 때처럼 '무엇이든 될 수 있지만 아무것도 아닌' 상태나 다름없었다.

줄기세포 불안증은 대학원을 졸업한 후에야 사라졌다. 함께 입학했던 동료들은 박사 과정 학생이 되었다. 연구실 밖에서 보는 그들은 과거의 나와 비슷하면서도 달랐다. 그들은 줄기세포가 맞았다. 다들 포기하고 싶은 마음, 분화하고 싶은 본성을 참으며 연구하고 있었으니까. 다만 모두들 아무것도 아닌 상태는 벗어나 있었다. 열에 일곱은 실패하는 연구에 열 번 매달리며, 왜 실패했는지 고민하고 한 걸음씩 앞으로 나아가는 그들은 이미 과학자였다.

야마나카 신야가 '무엇이든 되는 세포'를 찾은 비결

줄기세포를 정의하는 두 가지 특성은 분화와 자기복제이다. 분화는 세포가 다른 세포로 변하는 능력이다. 수정란은 세포 분열을 반복하며 안팎의 세포 구성이 달라진다. 안쪽에 있는 배아줄기세포는 외배엽·중배엽·내배엽 세포가 된다. 세포가 분화하며 뇌나 소화 기관처럼 세부 장기를 구성하는 세포가 된다. 분화는 한방향으로만 진행되며, 완성된 개체는 수정란 상태로 돌아갈 수 없다.

자기복제는 줄기세포의 특징을 그대로 유지하며 분열하는 능력이다. 수정란이 몸이 되기 위해서는 끊임없이 세포 수가 늘어야 한다. 줄기세포에 자기복제 능력이 없다면 아무리 수가 많더라도 어느 시점에서 고갈될 것이다. 줄기세포는 둘로 분열하거나 다른 세포로 분화하며 몸을 만든다.

배아줄기세포와 iPS 세포 같은 만능줄기세포는 완성된 몸에는 존재하지 않는다. 그러나 성체에도 여러 가지 줄기세포가 존재한다. 골수 깊숙한 곳에서 적혈구가 끊임없이 생겨나는 것도, 손상된 근섬유가 회복되어 두툼한 근육이 자라는 것도 줄기세포 덕분이다. 이런 줄기세포들은 배아줄기세포 같은 만능성은 없고, 다능성multipotent이 있다고 표현한다. 모든 세포로 분화할 필요 없이 자신이 속한 조직에 필요한 세포를 만들기 때문이다.

야마나카 신야는 세포를 역분화reprogramming하는 방법으로 만능줄기세포를 만들었다. 분화가 끝나 쓰임새가 결정된 세포의 운명을 거꾸로 돌린 것이다. 분화는 한방향으로만 일어난다고 했다. 그러니까 역분화는 자연에서는 일어나지 않는 현상이다. 어느 날 손가락이 줄기세포 덩어리로 역분화하더니 그 줄기세포가 간세포로 분화한다고 상상해보라. 손가락이 간으로 바뀌는 것이다. 이런 일이 생기지 않기 때문에 우리는 어제의 몸을 유지하며 오늘을 살아간다. 그렇다면 야마나카 신야는 어떻게 역분화라는 아이디어를 떠올리고 세포에 실현했을까?

세포가 지닌 유전 정보는 거의 같다. 피부세포든 뇌세포든 모든 세포의 근원은 정자와 난자가 만나 탄생한 수정란이기 때문이다(생식세포는 예외이다. 정자와 난자에는 유전 정보가 절반만 있다. 그렇지 않다면 세대를 거듭할 때마다 유전 정보가 두 배씩 늘어날 것이다). 그런데도 어떤 세포는 손가락이 되고, 어떤 세포는 인슐린을 만든다. 세포의 역할 분담이 가능한 이유는 방대한 유전 정보 속에서 세포마다 켜지는 유전자가 다르기 때문이다. 사람마다 백과사전을 한 권씩 가지고 있어도, 누구는 과학 페이지만 읽고 누구는 미술 페이지만 읽으면 말하는 내용은 전혀 다를 것이다. 야마나카 신야는 모든 세포의 유전 정보가 같다면, 전체 유전 정보 안에는 줄기세포의 능력을 유지하는 유전자도 존재할 거라고 추측했다. 그 유전자를 찾아 작동시킬 수만 있다면 어떤 세포든 줄기세포로 돌아갈 수 있을 것이다. 야마나카 신야는 세포의 백과사전에서 '무엇이든 되는 법'이라는 페이지를 찾아나섰다.

야마나카 신야는 선행 연구를 참고해 줄기세포에서만 발현하는 유전자 후보를 찾아냈다. 이 유전자 후보 24개 중 '야마나카 인자'라고 불리는 네 가지 유전자를 선정했다. 야마나카 인자를 피부세포에 형질 주입하자 놀랍게도 피부세포가 줄기세포로 변했다. 황우석을 비롯한 수많은 과학자가 세포를 재료로 수정란에서 시작해 줄기세포를 만드는 방법을 찾는 동안, 야마나카 신야는 어떤 세포든 수정란 단계를 거치지 않고 줄기세포로 바꾸는 데 성공했다. 이렇게 만든 iPS 세포는 난자나 수정란을 희생한 결과물이 아니라서 윤리적 문제가 없고, 환자의 체세포를 곧바로 줄기세포로 바꿀 수 있어 질병 치료 전망도 더 좋다. 아이디어 하나가 세상의 판도를 바꾼 예시로 이만한 것이 없다.

iPS 세포는 발상도 흥미롭지만, 논문에 쓰인 아이디어도 명쾌하다. iPS 세포 개발 논문은 야마나카 신야와 그의 제자 다카하시 가즈토시가 썼다. 어떤 세포를 줄기세포로 바꾸는 아이디어는 야마나카 신야의 비전이지만, 실험 아이디어는 다카하시 가즈토시가 냈다.

당시 실험에서 줄기세포 상태를 만들 후보 유전자 24개를 찾은 상태였다. 이제 24개 유전자 중 줄기세포를 만드는 진짜 유전자를 찾아야 했다. 다카하시 가즈토시는 줄기세포에 24개 유전자를 한꺼번에 집어넣었다. 알고 나면 아무것도 아닌 것 같지만, 보통 연구자들은 생각하지 못하는 방법이다. 연구자가 세포에 유전자를 형질 주입해도 100퍼센트 성공한다는 보장은 없다. 성공률이 90퍼센트라고 쳐도 24개 유전자가 전부 발현하는 경우는 1퍼센트도 되지 않는다. 그러나 다카하시 가즈토시는 확률을 무시한 채 실험을 진행했고, 놀랍게도 일부 세포가 줄기세포처럼 변했다. 이후 다카하시 가즈토시는 24개 유전자를 하나씩 빼면서 세포를 관찰했다. 24개 유전자 중 1번 유전자를 빼고 23개 유전자만 주입했을 때 줄기세포가 만들어진다면 1번 유전자는 탈락이다. 그다음 2번 유전자를 빼고 나머지 23개를 주입했는데 줄기세포가 만들어지지 않는다면 2번 유전자는 줄기세포를 만드는 데 반드시 필요한 유전자일 것이다.

같은 실험을 반복하며 마침내 줄기세포 상태를 유지하는 필수 유전자 네 가지를 찾아냈다. 네 가지 유전자 중 하나만 빠져도 줄기세포 상태를 잃어버린다. Oct4, Sox2, Klf4, c-Myc, 이 네 가지 유전자가 야마나카 인자이다. 야마나카 신야는 자신이 직접 이름을 붙인 iPS 세포가 전 세계에 퍼진 데다 자신의 이름까지 세상에 남는 영광을 누리고 있다.

야마나카 신야는 실험이 끝나고도 1년이 지난 후에야 논문을 발표했다. 황우석의 논문 조작 스캔들 때문이었다. 같은 분야에서 초유의 연구 조작 사건이 일어났는데, 심지어 바로 옆 나라 일이다. 자신의 연구 결과를 사람들이 믿지 않을까 걱정이 될 만하다. 야마나카 신야와 다카하시 가즈토시는 논문을 발표하기 전 1년 동안 누구에게도 연구 내용을 이야기하지 않고, 같은 실험을 반복하며 결과를 견고하게 다졌다. 노벨상을 받을 연구를 하고서도 발표하지 못한 채 누군가 똑같은 연구를 하지 않기만 바라며 1년을 버틴 것이다. 본문에서는 황우석 사태와 상관없이 줄기세포 연구가 이어졌다고 했지만, iPS 세포야말로 황우석 사태의 여파를 가장 크게 받은 연구였다.

3장

생명을 눈으로 보는 방법

책상보다 크고 비싼 현미경
세포를 보는 기기와 기술

과학자들은 연구를 위해 몸에서 생명을 꺼내 실험실로 가져왔다. 그러나 인큐베이터를 열었을 때 당장 보여줄 수 있는 것은 우주를 닮은 세포가 아니라 유리 접시에 담긴 붉은 액체뿐이다. 몸을 벗어난 세포를 직접 보려면 전략과 기술이 필요하다.

연구자는 연구를 할 때마다 무엇을 봐야 할지, 어떤 방법으로 볼지 고민한다. 자연은 인간에게 대놓고 말하지 않기 때문이다. 코로나19 사태를 떠올려보자. 누가 코로나19에 걸렸는지 어떻게 확인했을까? 감염 확인 방법을 고민한 이유는 감염자에게만 사이렌을 울리는 마법의 바이러스 검색대가 없기 때문이다. 혈액을 뽑아 코로나바이러스를 보는 건 불가능하다. 바이러스는 너무 작아서 일반적인 현미경으로 볼 수 없다. 설령 살아 있는 바이러스를 볼 수 있는 초강력 현미경이 존재한들, 하루에 수만 명이 바이러스에 감염되는 마당에 사람들의 콧구멍에 내시경을 넣어 바이러스를 확인한 후 다음 사람을 위해 소독하는 일을 반복할 여유는 없다.

과학자들은 눈앞에 닥친 위급 상황에서 무엇을 봐야 하는지 결정한 후 가장 적합한 관찰법을 정했다. 그들은 코로나바이러스를 직접 확인하는 대신 PCRPolymerase Chain Reaction 검사를 선택했다. 코 깊숙한 곳을 덮은 점액에 미량으로 존재하는 바이러스에서 유전물질만 증폭해 검출하는 검사법이다. 코로나바이러스가 어떻게 생겼는지는 중요하지 않으니 직접 관찰할 필요는 없다. PCR 검사는 주어진 시간 안에 최대한 많은 사람의 코로나19 감염 여부를 파악하는 방법이다.

세포 실험실에는 PCR 기기를 포함해 온갖 관측 장비가 있다. 몸을 벗어난 생명을 관측하는 방법이 다양하기 때문이다. 현미경으로 세포의 모습을 직접 볼 수도 있고, 세포가 어떤 단백질을 만드는지 확인할 수도 있다. PCR 기기로 세포의 유전물질을 측정할 수도 있다.

세포를 관측하는 오만 가지 방법 중 이번 장에서는 현미경을 이용한 세포 관찰을 소개한다. 현미경은 PCR과는 다른 차원으로 중요한 기기이다. 생명과학 연구에는 현미경 사진이 빠지지 않는다. 연구자는 현미경을 이용해 DNA나 단백질, 세포처럼 생명의 중요한 구성 요소를 관찰하고 추적한다. 다른 측정 기기가 없는 건 아니지만, 눈으로 보는 것만큼 직관적인 결과는 없다.

서문에서 인용한 우주처럼 생긴 뉴런도 현미경으로 촬영한 사진이다. 한눈에 봐도 신비롭고 아름답지만, 사진에 담긴 것이 자연의 신비만은 아니다. 우주를 담은 이미지 뒤에 정교한 장비와 복잡한 실험이 숨어 있다.

현미경은 맨눈으로 보기 힘든 작은 대상을 확대해서 보는 도구이다. 과학에 익숙지 않은 사람도 현미경이 무엇이고 어떻게 생겼는지는 알 것이다. 맨 위에 눈을 대는 접안렌즈가 있고, 아래에 시료에 대는 대물렌즈가 있는 가정용 커피머신만 한 도구 말이다. 요즘 현미경은 종류도 다양하고 크기도 커졌다. 가정용 커피머신보다 초대형 카페의 에스프레소 추출기에 가까워졌다. 어떤 현미경은 렌즈마저 사라져 현미경인지 알아보기도 어렵다. 그런 현미경은 클린 벤치보다 크고, 과학자의 10년치 연봉보다 비싸다.

연구실에서 주로 쓰는 현미경은 광학현미경optical microscope이다. 광학현미경은 빛의 굴절을 이용해 대상을 확대해서 보는 현미경이다. 쉽게 말해 시료를 납작하게 누른 유리판을 놓는 현미경은 모두 광학현미경이라고 봐도 된다.

17세기 근대적인 현미경이 발명된 이래 과학자들은 렌즈로만 보이는 작은 세상을 연구하기 시작했다. 영국의 자연철학자 로버트 훅이 현미경으로 식물 세포를 관찰해 발표한 후부터 우리는 현미경을 볼 때마다 생명이 자글자글한 세포로 되어 있음을 되새긴다. 지금도 연구자

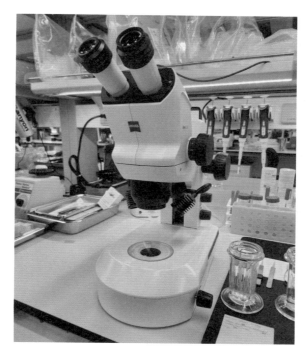

●● 실험실에서 흔히 쓰이는 광학현미경

는 현미경을 이용해 몸에서 생명을 꺼내고, 몸을 벗어난 생명을 보며
궁금증을 가진다.

21세기 현미경은 17세기 현미경과는 비교도 안 될 첨단 광학 기술
로 만들어진다. 고배율 현미경을 이용하면 세포의 모양을 확인하는 수
준을 넘어 세포 속 단백질이 어떻게 분포하는지까지 볼 수 있다. 이런
현미경은 니콘, 라이카, 올림푸스 같은 유명한 광학 기기 업체에서 생

산한다.

빛은 렌즈가 두꺼울수록 크게 굴절해 상의 크기를 키운다. 그러나 세포를 크게 보기 위해 무턱대고 두꺼운 렌즈를 만들 수는 없다. 빛이 두꺼운 렌즈를 투과할 때 상이 흐려지는 '수차' 현상이 나타나기 때문이다. 수차를 줄이려면 두꺼운 렌즈 하나를 쓰는 대신 얇은 렌즈 여러 개를 적절한 간격으로 배치해야 한다. 오늘날 현미경에 쓰이는 렌즈 하나하나는 전용 유리를 세심하게 깎은 결과물이다. 빛의 굴절률을 맞추기 위해 렌즈와 시료 사이에 물이나 오일을 채우기도 한다.

세상에는 현미경에서만 보이는 미시세계가 있다. 미시세계에는 높이라는 차원이 있다. 미시세계의 높이는 거시세계의 높이나 고도와 같으면서도 다르다. 미시세계를 들여다보는 연구자는 현미경의 초점 나사를 돌리며 초점이 맞는 높이를 확인한다. 초점 나사는 이름처럼 초점을 맞추기 위한 장치이지만, 이 장치의 진짜 목적은 상이 맺히는 높이를 조절하는 것이다. 시료를 놓고 초점 나사를 돌리면 높이마다 서로 다른 세포가 나타난다. 세포가 존재하는 층이 저마다 다르기 때문이다. 나사를 돌리면 초점을 벗어난 층은 흐려지고, 초점에 들어오는 층만 선명하게 보인다.

현미경의 초점을 조절한다는 것은 조감도에서 건물의 층수를 바꿔가며 확인하는 것과 비슷하다. 스마트폰의 지도 앱에서 유명한 맛집을 검색해 건물은 찾았는데 매장이 안 보일 때가 있다. 이럴 때는 건물 층수 버튼을 찾아 다른 층을 눌러보아야 한다. 배양접시 바닥에 세포를

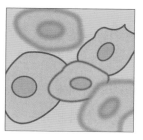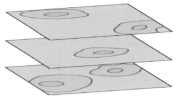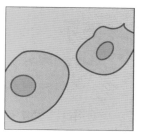

●● 일반 현미경과 공초점현미경으로 보는 상의 차이.
일반 현미경에서 왼쪽처럼 보이는 상이 공초점현미경에서는 초점에 따라
오른쪽처럼 분리되어 보인다.

깔아봤자 약간 흐릴 뿐이지, 세포가 없는 상태와 거의 구별이 되지 않는다. 그런 접시도 현미경으로 보면 세포가 몇 겹으로 쌓여 있다. 세포가 저마다 다른 층에 존재하는 것이다. 초점을 조절하면 새로운 곳에 새로운 세포가 나타난다.

거시세계에서 아무리 시료를 얇게 만들었더라도 미시세계에 오면 높이가 생긴다. 배율이 높아질수록 상은 두꺼워지고 흐려진다. 이를 해결하기 위해 나온 현미경이 공초점현미경confocal microscope이다. 공초점현미경은 상에 맺히는 빛의 초점과 상에 반사되어 나오는 빛의 초점을 일치시킨다. 공초점현미경으로 상을 보면 일반 현미경에서 흐리게 보이는 부분은 아예 탐지되지 않는다. 쉽게 이야기해서 공초점현미경을 이용하면 높이가 없는 2차원 이미지를 얻을 수 있다. 이렇게 얻은 선명

한 평면을 여러 개 겹치면 여러 각도로 돌려볼 수 있는 3차원 이미지를 만들 수도 있다. 높은 배율의 상을 선명하게 볼 수 있는 기능 덕분에 공초점현미경은 세포 실험실의 필수 장비가 되었다.

광학현미경으로 보는 상에는 한계가 있다. 빛은 입자인 동시에 파동이라는 말을 들어보았을 것이다. 빛은 파동이라서 구멍을 통과할 때마다 직진하지 않고 넓게 퍼지는 '회절' 현상을 보인다. 회절한 빛은 렌즈에 굴절되며 본래 맺혀야 할 상의 주변에 오차를 만든다. 큰 이미지를 확대해서 볼 때는 상관없지만, 너무 작은 이미지를 볼 때는 오차 때문에 모양을 분간하기 어려워진다. 현미경의 해상도를 결정하는 이러한 빛의 특징을 '회절 한계'라고 한다.

19세기 말 독일의 물리학자 에른스트 아베는 빛의 회절 한계를 200나노미터[nm](1나노미터는 10억분의 1미터)로 계산했다. 광학 관측 기기라면 아무리 날고 기어도 200나노미터 이하의 차이는 구별할 수 없다는 의미이다. 세계에서 가장 정밀한 광학현미경도 회절 한계보다 작은 상은 볼 수 없다. 커다란 세포도 핵의 크기는 20~30마이크로미터[μm](1마이크로미터는 100만분의 1미터) 정도이다. 광학현미경을 이용하면 핵이 어떻게 생겼는지는 볼 수 있어도 핵 속에 얽힌 DNA나 세포를 구성하는 단백질이 어떻게 생겼는지는 확인할 수 없다.

전자현미경electron microscope은 광학현미경의 한계 해상도를 넘기 위해 만들어진 현미경이다. 전자현미경을 이용하면 세포 소기관이나 단백질처럼 아주 작은 물질도 볼 수 있다. 전자현미경은 빛 대신 전

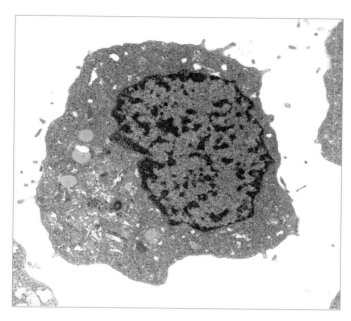

●● 전자현미경으로 본 세포

자를 일정하게 쏘는 전자 빔을 사용하며, 유리 렌즈 대신 전자기장으로 전자 빔의 방향을 바꾸어 굴절을 조절한다. 전자현미경의 해상도는 0.2나노미터이다. 단순하게 계산하면 가장 좋은 광학현미경보다 1,000배 큰 상을 볼 수 있다. 전자현미경을 이용하면 세포핵 속 DNA가 어떤 모양으로 꼬여 있는지부터 세포 표면에 붙어 있는 단백질이 어떤 방향으로 누워 있는지까지 알아낼 수 있다.

단백질의 구조를 연구하는 구조생물학자가 아닌 이상, 전자현미경이 보여주는 세상은 광학현미경의 미시세계에 익숙한 연구자에게는 낯선 곳이다. 전자현미경은 무척 비싸고 복잡한 장비여서 가지고 있는 연구소도 흔하지 않다. 보통은 연구자가 시료를 준비해서 전자현미경이 있는 연구소에 찾아가야 한다. 전자현미경은 광학현미경과는 시료를 준비하는 방법도 다르다. 전자현미경 내부는 전자가 방해받지 않는 진공 상태여야 하며, 시료도 진공 상태에 놓인다. 진공에서 시료의 모양을 유지하기 위해서는 시료를 건조시키거나 급속 냉각해야 한다. 이렇다 보니 전자현미경 연구소에는 현미경만 관리하는 인원이 따로 있다. 연구자가 시료를 준비하고 관찰하는 전 과정을 도와주는 사람들이다.

광학현미경과 전자현미경 사이의 해상도를 메우는 초고해상도 형광현미경super-resolved fluorescence microscopy 기술도 발전하고 있다. 가시광선을 이용하지만, 기발한 아이디어를 적용해 회절 한계를 극복한 광학기술로 빛의 파장보다 작은 대상을 보는 기술이다. 미국 하워드휴스 의학연구소의 에릭 베치그, 독일 막스플랑크 연구소의 슈테판 헬, 미국 스탠퍼드대학교의 윌리엄 머너는 각자 다른 방식으로 초고해상도 형광현미경을 개발했고, 그 공로를 인정받아 2014년 노벨 화학상을 공동 수상했다.

초고해상도 형광현미경은 어떻게 작은 세계를 들여다볼까

아베 회절 한계에 따르면, 광학현미경으로는 200나노미터보다 작은 초점을 맞출 수 없다. 녹색형광단백질은 지름이 3나노미터이고 길이가 4나노미터인 원통 모양이지만, 고해상도 광학현미경으로 보면 지름 200나노미터의 희미한 구름처럼 보일 것이다. 마치 고도근시인 사람이 안경을 벗고 신호등을 볼 때나 초점이 안 맞는 카메라로 신호등을 찍을 때 실제 신호등의 크기보다 빛이 훨씬 퍼져 보이는 현상과 비슷하다.

초고해상도 형광현미경의 원리는 퍼져 있는 빛의 중심을 포착하고 나머지 부분을 지우는 것이다. 두꺼운 형광펜으로 쓴 글씨도 펜이 지나간 중심선만 남기고 나머지를 지우면 무슨 글씨를 썼는지 알아볼 수 있는 것과 같다.

해상도를 향상시킨 첫 번째 방식은 슈테판 헬이 개발한 유도방출억제 현미경 Stimulated Emmission Depletion, STED이다. STED 현미경에는 도넛 모양의 레이저 발광 장치 두 개가 들어간다. 중앙에 있는 첫 번째 레이저는 일반 형광현미경처럼

●● STED 현미경의 원리.
첫 번째 레이저에 의해 발광한 형광이 STED 빔에 의해 가라앉으면
맨 오른쪽 그림처럼 선명하고 가는 형광이 남는다.

형광물질이 흡수하는 파장대의 빔을 발사한다. 형광물질은 레이저를 받아서 형광빛을 발한다. 바깥에 있는 다음 레이저는 STED 빔으로, 초점 영역에는 빛을 주지 않지만 그 주변 영역에 강한 에너지를 가해 형광을 없앤다. 이러면 첫 번째 레이저로 들뜬 형광물질 중 초점 영역을 뺀 나머지는 빛을 방출하지 않고 가라앉는다.

두 번째 방식은 에릭 베치그가 개발한 단일분자 현미경이다. STED 현미경이 이론상 무한히 작은 해상도로 상을 촬영할 수 있다면, 베치그는 분자를 하나하나 잡아내는 현미경을 만들었다. PALM/STORM Photoactivated Localization Microscopy/ Stochastic Optical Reconstruction Microscopy 현미경의 원리는 겹쳐 보이는 여러 형광 분자를 듬성듬성 빛나게 한 후 하나의 이미지로 합성하는 것이다. 단일분자 현미경은 윌리엄 머너가 만든 돌연변이 녹색형광단백질 덕분에 세상에 나왔다. 머너가 발견한 돌연변이 녹색형광단백질은 쭉 빛을 내는 대신 깜빡거렸다. 형광이 깜빡이므로 똑같은 표본의 같은 초점 영역을 찍어도 매번 다른 이미지를 얻게 된다. 점점이 깜빡이는 형광 이미지를 가공해 형광이 빛나는 중심을 찾아낸다. 여러 이미지에서 빛을 내는 중심만 찾아 이미지를 합치면 선명한 전체 이미지를 얻을 수 있다.

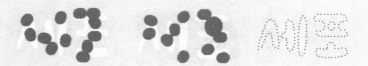

●● PALM/STORM 현미경의 원리.
각기 다른 부분에서 빛나는 형광 단백질을 포착한 후,
선명하게 처리하여 하나의 이미지로 합친다.

세포와 형광 크레파스
세포를 염색하는 여러 가지 방법

2

교과서나 교양서적에 실린 세포는 알록달록하다. 핵을 비롯한 여러 세포 소기관이 서로 다른 색으로 칠해져 있다. 하지만 그림과 실제가 다른 것으로 세포만 한 것이 없다. 세포에는 색이 없기 때문이다. 엽록소를 포함한 식물 세포, 색소를 만드는 것이 본래 역할인 멜라닌세포 등을 제외하면 세포는 대부분 투명하다. 맨눈으로 배양접시를 보면 세포가 있는지, 배양액만 있는 건지 구별하기 힘들다. 현미경을 들여다보아도 둥근 선만 희미하게 보일 뿐이다. 전공자가 아닌 이상, 현미경으로 찍은 세포 사진은 처음 볼 때는 무엇이 세포이고 무엇이 세포가 아닌지 분간하기도 쉽지 않다.

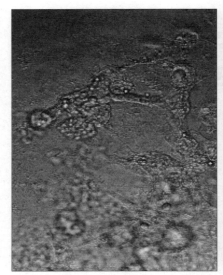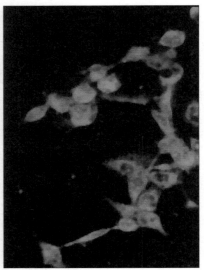

●● 같은 세포를 광학현미경과 형광현미경으로 관찰한 모습

과학자들은 세포를 더욱 선명하게 보기 위해 세포에 색을 넣기 시작했다. 세포의 특정 부분만 염색하는 염료를 조합해 넣으면 세포나 조직을 선명하게 볼 수 있다. 19세기에 개발된 세포 염색법은 21세기에는 세포에 형광빛을 내는 방법으로 발전했다. 1970년대 그림 간판이 많던 거리가 네온사인과 전광판에서 나오는 빛으로 인해 훨씬 화려해진 것과 비슷하다. 세포를 형광으로 칠한 형광단백질은 단순히 세포를 선명하게 보는 수준을 넘어선다. 세포 안에 어떤 물질이 존재하며, 어떤 유전자가 발현하는지 확인할 수 있는 도구이다. 천문학자가 우주에서 여

러 갈래로 빛을 뿜는 별빛을 본다면, 세포생물학자는 배양접시에서 여러 갈래로 나뉘는 형광을 본다.

냄새가 섞인 기억은 오래간다. 세포 염색이라고 하면 제일 먼저 양파와 식초가 섞인 시큼한 냄새가 떠오른다. 대학교 1학년 때 과학 캠프 아르바이트를 했다. 이론만 빠삭한 고등학생들이 실험 기구를 망가트리지 않도록 시범을 보이는 역할이었다. 여러 가지 과학 활동 중에 당연히 현미경 실습도 있었다. 양파 뿌리를 핀셋으로 집어 얇은 층을 만들고, 아세트산카민acetocarmine 염료로 염색해서 현미경으로 보여주는 일이었다. 아세트산카민은 세포핵을 붉은색으로 염색하는 시약이다. 정확히 말해 세포핵 내의 유전물질에 색을 입힌다. 대부분의 세포에는 세포핵이 있고, 세포핵 안에는 DNA가 있다. 음전하를 띤 DNA가 양전하를 띤 색소와 결합하면 염색이 된다. 염색된 세포핵은 둥근 원처럼 보인다. DNA가 실처럼 얽힌 염색질chromatin이 둥그렇게 뭉친 것이다. 유전물질에 '염색질'이나 '염색체'라는 이름이 붙은 이유도 이것들이 유전물질이라는 사실이 밝혀지기 전에 '세포에서 염색이 잘 되는 부분'으로 쓰였기 때문이다.

아세트산카민에서 아세트산은 식초 성분이고, 카민은 선홍색 염료를 뜻한다. 아세트산카민을 우리말로 의역하면 빨간색 식초나 다름없다. 이름값을 제대로 하는 염료였다. 양파 뿌리 조각에 아세트산카민을 떨어트리니 음식물 쓰레기에 가까운 코 찌르는 냄새가 실습실에 퍼졌다. 강렬한 냄새 덕분에 현미경에서 본 양파 세포의 붉고 동그란 세포핵도 똑똑히 기억한다.

현미경 실습에서는 식물 세포와 동물 세포가 짝지어 나온다. 양파에서 식물 세포를 보았다면 동물 세포로는 구강 상피세포를 보았을 것이다. 입속을 면봉으로 긁어 상피세포를 얻은 후 메틸렌블루methylene blue를 이용해 세포핵을 염색해서 보는 방식이다. 기억이 희미한 걸로 보아 메틸렌블루는 냄새가 그다지 심하지 않았나 보다.

고등학생의 생물학 실습에 쓰이는 실험 기법은 천문학적 연구비가 드는 진지한 연구에 쓰이지 않을 것 같지만, 세포를 염색해서 현미경으로 보는 방식은 지금도 널리 쓰이는 실험 방법이다. 가장 널리 쓰이는 염색법은 헤마톡실린&에오신 염색hematoxylin&eosin staining, H&E staining이다. 헤마톡실린과 에오신이라는 두 가지 염료를 함께 사용하는 염색법이다. 세포 하나하나를 보다가 세포가 모여서 만든 조직의 형태를 확인할 때 쓰인다. 헤마톡실린은 아세트산카민처럼 핵을 염색하지만 파란색이다. 에오신은 세포를 구성하는 단백질, 즉 헤마톡실린이 염색하지 않은 나머지 부분을 빨갛게 염색한다. 두 염료를 이용해 조직을 염색하면 아무것도 보이지 않던 조직에 선과 색이 생긴다. H&E 염색은 창자의 융털이나 태반 구조, 혈관을 흐르는 적혈구까지 몸의 다양한 부분을 포착한다.

그럼에도 세포생물학 연구에 제일 많이 쓰이는 염색은 형광 염색이다. 형광 세포 이미지를 소개하기 전에 형광이란 무엇이며, 형광이 어떻게 나는지 원리를 설명하겠다. 형광은 어떤 특별한 물질이 내뿜는

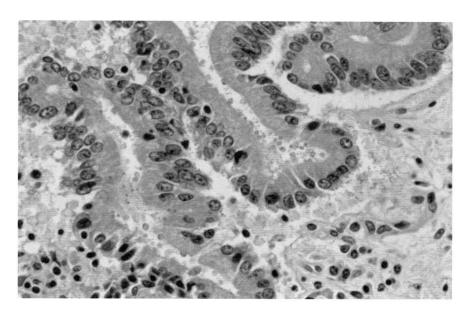

●● 헤마톡실린&에오신 염색법으로 염색한 간 조직

빛이다. 형광을 내는 물질을 형광물질이라고 한다. 순환 논증 같지만 형광물질에는 특정 색깔의 빛은 흡수하고 다른 빛깔을 내뿜는 성질이 있다. 우리 주변에서 흔히 볼 수 있는 형광물질로는 형광펜이 있다. 보통 잉크가 빛을 받아 반사한다면, 형광펜은 잉크의 형광물질이 빛을 흡수한 후 다시 방출하기 때문에 더 빛나 보인다. 일상에서 휴지나 흰 장갑을 더욱 하얗게 보이도록 하기 위해 형광물질을 섞기도 한다. 세포 관찰에 쓰이는 형광물질은 형광을 내뿜는 단백질인 형광단백질이다. 세포는 단백질로 이루어진 단백질 공장이므로 세포가 만드는 형광물질

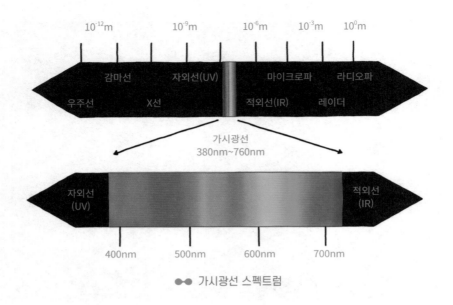

10^{-12}m 10^{-9}m 10^{-6}m 10^{-3}m 10^{0}m

감마선 자외선(UV) 마이크로파 라디오파

우주선 X선 적외선(IR) 레이더

가시광선
380nm~760nm

자외선
(UV)

적외선
(IR)

400nm 500nm 600nm 700nm

●● 가시광선 스펙트럼

은 형광단백질일 수밖에 없다.

　형광의 원리를 이해하려면 머릿속에 무지개 하나를 띄워야 한다. 무지개에서 보이는 색이 우리 눈에 보이는 가시광선이다. 우리 뇌는 빛이 지닌 에너지 양에 따라 무지개색 빛깔을 본다. 가시광선 안에서는 파장이 긴 붉은빛 에너지가 제일 낮고, 파장이 짧은 보랏빛 에너지가 제일 높다. 형광물질은 에너지가 큰 빛을 흡수해 에너지가 낮은 상태의 빛으로 방출한다. 가시광선 스펙트럼 그림으로 설명하면 왼쪽 빛을 흡수해서 오른쪽 빛을 방출하는 것이다. 물질에 따라 파란빛을 흡수해서 녹색 빛을 방출하거나, 녹색 빛을 흡수해 붉은빛을 방출하는 식이다.

일반적인 광학현미경이 광원으로 백열등처럼 하얀빛을 쓴다면, 형광현미경은 신호등처럼 알록달록한 빛을 낸다. 형광물질이 흡수하는 빛깔을 광원으로 써야 하기 때문이다. 생물학 연구에 쓰이는 형광현미경은 대부분 자외선과 청색 빛, 녹색 빛을 사용한다. 주로 쓰이는 형광물질들이 자외선, 청색 빛, 녹색 빛을 흡수하기 때문이다. 자외선 광원을 흡수하는 형광물질은 푸른색을 뿜는다. 연구자들이 가장 많이 사용하는 녹색형광단백질Green Fluorescent Protein, GFP은 청색 빛을 흡수한다. 녹색 빛을 받아 붉은색으로 빛나는 적색형광단백질Red Fluorescent Protein, RFP도 있다. 형광단백질을 확인할 때는 한 번에 한 광원만 사용한다. 알록달록한 세포 이미지는 다양한 형광을 따로 촬영한 후 한 장으로 합친 결과물이다.

　　원리는 어렵지만 직접 해보면 경이로운 작업이다. 현미경에서는 녹색 빛이 나오고 있는데, 렌즈 너머 붉은색으로 빛나는 세포는 몇 번을 보아도 익숙해지지 않았다. 형광펜으로 칠한 부분을 햇볕에 오래 두면 희미해지는 것처럼 형광물질은 빛을 너무 많이 받으면 형광성을 잃는다. 형광현미경도 평소에는 암실에 두어 잡다한 빛을 차단하고 관찰할 때만 빛을 주어야 한다. 암실에서 형광현미경으로 보는 세포는 밤하늘 별처럼 빛난다. 별은 그냥 반짝일 뿐이지만, 형광현미경 속 세포는 단백질 모양으로 빛난다. 형광단백질이 여러 종류일 때는 형광마다 다른 모양으로 빛난다. 램프를 여러 빛깔로 돌릴 때마다 영사기를 돌리는 것처럼 보이는 광경이 달라진다.

기록하지 않는 연구는 없는 연구이다. 현미경으로 들여다본 세포도 촬영해서 데이터로 남겨야 한다. 현미경에 내장된 카메라로 렌즈 너머 광경을 컴퓨터에 옮기고 저장한다. 이렇게 옮긴 이미지를 후가공해 논문에 사용하고 인터넷에 올린다. 우리가 화면에서 보는 세포 사진은 모두 후가공한 데이터이다. 맨눈으로 본 광경과는 상당히 다르다.

세포의 형광단백질은 현미경에서 직접 볼 때가 제일 예쁘다. 형광펜으로 밑줄 친 페이지를 스캔해봐야 노란색 음영만 남는 것처럼 논문에 있는 세포 사진은 형광의 반짝임을 담지 못한다. 형광현미경으로 세포를 보는 일은 연구의 보람 외에 딸려오는 작은 즐거움이었다. 어두운 곳에서 강한 빛을 보는 작업이라 금세 눈이 침침해지지만 말이다.

세포에 형광을 칠하는 방법은 다양하다. 세포를 구성하는 단백질마다 다른 색을 칠할 수도 있고, 유전물질인 DNA나 RNA의 특정 서열만 칠할 수도 있다. 이 중 세포의 단백질에 형광을 색칠하는 대표적인 두 가지 방법을 소개한다. 하나는 세포에 형광단백질 유전자를 주입하는 방법이고, 다른 하나는 원래 세포에 있던 단백질에 형광 항체 표지를 붙이는 방법이다.

일본의 화학자 시모무라 오사무는 제2차 세계대전 직후 가혹한 시대에 묵묵히 해파리를 잡았다. 그는 해파리가 왜 밤에 희미하게 빛나는지 알아내고 싶었다. 호기심과 끈기만으로 하기엔 고된 작업이었다. 빛이 나는 단백질을 밀리그램 단위로 모으기 위해서는 어마어마한 수의 해파리가 필요했다. 해파리 수십만 마리에서 모은 형광단백질을 정제한 끝에, 1962년 시모무라는 자신이 찾아낸 형광단백질을 발표할 수 있었다. 당시에도 스스로 빛을 내는 생명과 단백질에 대한 연구는 해파리 말고도 많았다. 그럼에도 시모무라가 찾아낸 녹색형광단백질은 특별했다. 반딧불이의 빛은 단백질이 효소에 의해 산화되며 나오는 빛이지만, 녹색형광단백질은 다른 반응 없이 그 자체로 형광을 냈기 때문이다.

시모무라의 형광단백질을 세포 실험에 활용하는 발상은 한참 후에 나왔다. 해파리 한 마리에서 얻을 수 있는 형광단백질의 양이 너무 적었기 때문이다. 30년이 지난 후에야 실험실에서 형광현미경을 직접 만들 수 있게 되었고, 그 이후에야 형광단백질의 활용 방법을 찾을 수 있었다. 실험실에서 단백질을 만드는 방법은 세포에 유전자를 주입해 단백질을 발현시키는 것이다. 1994년 미국 컬럼비아대학교의 신경과학자 마틴 챌피는 형광단백질의 염기 서열을 바탕으로 실험동물인 예쁜꼬마선충의 신경세포에서 형광단백질을 발현시켰다.

녹색형광단백질은 크기가 작다. DNA 염기 서열 717개를 세포에 발현시키면 된다(단순하다는 코로나바이러스의 전체 염기 서열도 3만 개 조금 밑돈다). 그래서 세포에서 발현된 녹색형광단백질은 다른 단백질에 거의 영향을 주지 않으면서 빛만 낸다. 연구실에서는 형광단백질을 목표 단백질의 표지로 사용한다. 연구자가 원하는 단백질과 형광단백질을 한꺼번에 형질 주입하면 단백질에 형광 태그가 달린다.

형광 표지tag는 용어 그대로 새로 산 운동화에 달린 꼬리표를 상상하면 된다. 야광 태그가 달린 운동화를 상상해보자. 어두운 곳에서 야광이 빛난다면 그곳에 운동화가 있는 것이고, 야광이 많이 보인다면 그만큼 운동화도 많다는 것이다. 이렇듯 형광단백질의 빛을 이용하면 원하는 단백질이 발현되었는지 확인할 수 있고, 형광의 세기를 측정해 단백질이 얼마나 있는지 알아낼 수도 있다.

이후 미국 하워드휴스 의학연구소의 화학자 로저 첸은 녹색형광단백질을 아미노산 단위로 분석해 개량했다. 첸은 여기에 그치지 않고 산호에서 붉은빛 단백질을 추출해 다양한 빛깔의 형광단백질을 만들었다. 첸의 연구 덕분에 세포에 녹색 칠만 하던 연구자들은 12색 형광 크레파스를 갖게 되었다.

세포에 형광을 색칠하는 또 다른 방법도 있다. 바로 면역형광법 Immunofluorescence staining, IF staining이다. 형광단백질이 세포 내부에서 만들어진 단백질이 빛을 내는 방식이라면, 면역형광법은 세포가 갖고 있는 단백질에 외부의 형광물질을 결합해 색을 내는 방법이다. 쉽게 설명하자면 형광단백질은 파란색 장미를 피우는 것이고, 면역형광법은 하얀색 장미꽃 잎을 푸른색 잉크로 칠하는 것이다. 면역형광법에 쓰이는 푸른색 염료는 잎도, 줄기도 아닌 하얀색 꽃잎에만 스며드는 특별한 약품이다. 하얀색 장미 한 송이를 푸른색 잉크에 푹 담그고, 시간이 지난 후 물로 씻어낸다. 그러면 꽃잎에만 푸른색 물이 들고 줄기와 잎은 녹색 그대로일 것이다. 붉은색 장미는 푸른색 잉크에 담갔다가 건져봐야 아무 일도 일어나지 않는다.

면역형광법에서는 원하는 단백질에만 결합하는 특수한 형광물질을 사용한다. 세포에 형광물질을 넣은 다음 형광물질을 씻어내면 원하는 단백질이 있는 부분에만 형광물질이 붙어 빛이 난다.

면역형광법에 '면역'이 붙은 이유는 단백질과 형광물질이 결합하는 원리가 면역 반응에서 유래했기 때문이다. 면역은 외부 물질로부터 나를 지키는 일이다. 외부에서 침입한 물질을 '항원'이라고 한다. 병균도 항원 중 하나이다. 면역계가 항원을 제거하기 위해 만드는 단백질은 '항체'라고 한다. 원하는 단백질에만 결합하는 특수한 물질이 바로 항체이다. 2020년대에 들어 항체는 익숙한 용어가 되었다. 냄새가 섞인 기억은 오래간다고 했다. 감정이 섞인 기억도 마찬가지다. 사람들은 코로나19 항체 검사 키트를 사며 제 손으로 자신의 콧속을 쑤시는 공포를 느꼈다.

면역형광법은 표적 단백질에 결합하는 항체를 이용하는 관찰법이다. 형광물질이 달린 항체(형광항체)가 표적 단백질에 결합해 형광을 낸다. 코로나바이러스 연구를 예로 살펴보자. 우리 몸을 구성하는 세포 중 어느 세포가 코로나바이러스에 제일 먼저 감염될까? 우리나라의 기초과학연구원IBS 혈관연구단과 이창섭 전북대학교 감염내과 교수팀은 코로나19 대응 공동 연구팀을 꾸렸다. 연구진은 2021년 코로나바이러스가 초기에 감염시키는 세포가 비강(콧속)의 섬모상피세포임을 발견해 발표했다. 연구진은 면역형광법을 이용해 비강 섬모세포에 코로나바이러스가 감염되는 모습을 아름다운 이미지로 보여주었다.

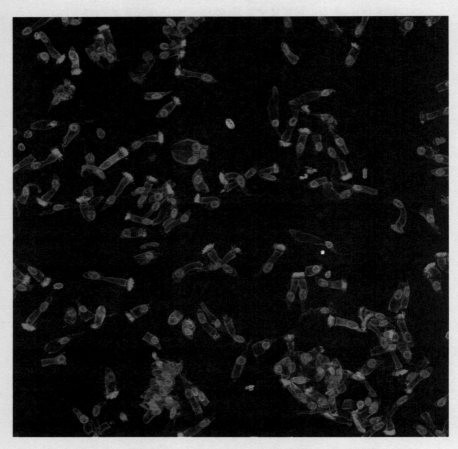

●● 코로나19 환자의 비강 상피세포를 면역형광법으로 염색한 모습.
녹색 섬모가 달린 세포에만 붉은색 코로나바이러스가 보인다.

면역형광법을 이용하면 세포가 어디에 있는지, 어떤 단백질을 품고 있는지 알아낼 수 있다. 위 연구에서는 환자의 비강세포를 직접 채취해 면역형광법을 수행했다. 비강의 다양한 세포 중 무엇이 섬모세포인지 분간하기 위해 섬모와 결합하는 녹색 형광항체를 이용했고, 어느 세포가 코로나바이러스에 감염되었는지 알아내기 위해 코로나바이러스의 껍질과 결합하는 빨간색 형광항체를 이용했다. 코로나바이러스를 나타내는 형광이 섬모세포의 형광에서만 겹치는 것을 보고, 연구진은 코로나바이러스가 비강에서 섬모세포를 감염시킨다는 사실을 알아냈다.

형광단백질이나 면역형광법 같은 세포 전용 형광 크레파스는 강력한 연구 도구이다. 세포를 화려하게 보는 수준을 넘어 세포를 구성하는 단백질을 확인할 수 있기 때문이다. 형광 이미지 말고도 단백질을 검출하거나 양을 측정하는 방법은 존재하지만, 단백질이 어디에서 어떤 모양으로 발현하는지는 세포에 형광 크레파스를 칠해야만 확인할 수 있다. 어떤 단백질을 볼지만 결정하면 세포의 정체와 상태를 알아낼 수 있다. 이조차 어려운 작업이다. 연구자는 자신이 보아야 하는 단백질이 무엇인지도 모르는 상태에서 연구를 시작하기 때문이다. 먼저 있었던 연구를 참고해 자신의 실험에 활용할 수도 있지만, 새로운 종류의 세포나 생명 현상을 연구한다면 세포에 존재하는 단백질을 찾는 과정 자체가 연구 주제가 된다.

형광현미경의 원리와 실험 기법은 낯설고 어렵다. 직접 해보면 이해하기 쉽겠지만 글만 읽고 이해하기는 어려울 것이다. 그럼에도 세포 연구에서 빠트릴 수 없는 내용이라 짚고 넘어갔다. 형광은 세포생물학 세상의 인사말이다. 삶에서 연구를 만나지 않더라도, 적어도 서문에서 보여준 뉴런과 우주가 똑같이 생긴 사진이 왜 엉터리인지는 이해되었을 것이다. 뉴런이 우주처럼 찍힌 이유는 뉴런이 우주와 비슷해서만은 아니다. 뉴런에 형광단백질을 결합한 후 암실에서 형광현미경으로 촬영했기 때문이다.

한 장의 실험 사진에는 신비로운 자연만 있는 것이 아니다. 뉴런에 형광단백질을 발현시키고 현미경으로 사진을 찍는 과정에는 연구자의 의도와 그 의도를 이루기 위한 실험 기법이 있다. 화려한 뉴런 사진에서 우주를 볼 수도 있다. 그러나 정말 뉴런이 우주와 비슷하다면, 뉴런 이미지가 우주 이미지와 비슷하기 때문은 아닐 것이다. 우리가 과학 연구에서 어떤 메시지를 읽고 싶다면 그 연구를 만든 실험 기법을 알아야 한다. 그것이 매일 암실에서 세포 사진을 찍는 연구자들에게 경의를 갖는 방법이자 유사과학에 빠지지 않는 유일한 길이다.

3

표본실의 청개구리는
왜 포르말린에 담겼나
세포 고정에서 조직투명화까지

　　세상사 닮지 않는 일이 없겠으나 세포 관찰 또한 각자의 몸을 깎아 얻어내는 결과다. 몸을 벗어나 실험실에 온 세포는 팔자에 없던 형광 유전자를 핵 속에 새긴다. 유전자 조작 생명이 되는 것도 모자라 실험 단계 중 한 번은 죽어서 현미경에 오른다. 현미경도 닮는다. 현미경 램프에는 램프를 켠 시간을 누적해서 알려주는 숫자 회전판이 달려 있다. 빙글빙글 돌아가며 늘어나는 숫자는 램프의 수명을 알린다. 램프는 티끌보다 작은 영역에 세상 어떤 빛보다 밝은 빛을 내뿜으며 자신을 태워나간다. 세포와 현미경 사이에는 연구자가 있다. 세포를 현미경 위로 올리는 과정 내내 연구자도 자신의 몸을 걸고 작업한다.

세포를 관찰하기 위해서는 고정^{fixation}을 해야 한다. 고정이란 생명이 살아 있던 상태를 그대로 유지하기 위한 화학적 처리 방법이다. 학교 과학실이나 자연사 박물관에 있는 유리병 속 으스스한 생물 표본은 모두 고정한 결과물이며, 의사들이 해부 실습에 쓰는 카데바^{cadaver}도 시신을 고정한 것이다. 생명은 죽은 시점부터 빠르게 본래의 모습을 잃어버린다. 죽은 생명을 오래 관찰하기 위해서는 반드시 고정을 해야 한다.

세포는 죽자마자 스스로 무너진다. 세균이나 곰팡이가 달려들어 분해하는 것은 다음 과정이다. 살아 있는 몸은 항상성을 유지한다. 섭씨 36도 안팎의 체온에 적정 pH, 모든 단백질이 딱 맞는 농도를 유지한다는 의미이다. 세포도 생명이라 항상성을 지키며 살아간다. 세포막 안팎과 세포 내부 소기관 사이의 이온 균형을 맞춘다. 그러다가 세포가 죽으면 안팎의 이온이 섞이기 시작한다. 이온의 균형이 무너지면서 세포 스스로를 녹여버리는 단백질 분해 효소가 나온다. 이런 분해 효소는 원래 세포 내부에서 생기는 노폐물을 처리하기 위해 존재한다. 자신의 살을 녹이면 안 되기에 낮은 pH 등 특정 조건에서만 작동하도록 잘 묶어둔다. 세포가 죽으면 고삐가 풀린다. 전동 드릴이나 화염방사기의 안전핀이 풀려 집 안에서 빙글빙글 돌아다니는 꼴이다.

고정은 분해 효소를 무력화하고, 미생물 감염을 막는 역할도 한다. 세포 고정은 여러 가지 세포 실험 중 쉬운 처치에 속한다. 세포를 둘러싼 배양액을 제거하고 고정액을 첨가한 뒤 어느 정도 시간이 지난 후 식염수로 씻어내면 끝이다. 고정액을 머금은 표본은 젤gel 상태가 되어 반영구적으로 관찰할 수 있다. 이러한 고정 방법을 담금 고정immersion fixation이라고 한다.

세포를 고정액에 담그기만 해도 고정할 수 있는 이유는 실험실에서 키우는 몸을 벗어난 생명이 실제 몸보다 단순하기 때문이다. 배양접시 바닥에서 자라는 세포는 종이 한 장보다 얇다. 세포를 3차원 덩어리로 배양하더라도 덩어리의 크기가 작다 보니 고정액이 잘 스며든다. 그러나 동물 사체나 사람 시신처럼 크고 복잡한 몸은 고정액에 담가둔다고 해서 고정이 되지 않는다. 이럴 때는 혈관에 직접 고정액을 주입하는 관류 고정perfusion fixation이라는 방법을 사용한다.

고정액으로 가장 많이 쓰이는 물질은 포름알데히드formaldehyde다. 세포를 단단한 젤 상태로 만드는 물질이다. 새집 증후군부터 공장 누출 사고까지 나쁜 뉴스에 빠지지 않고 나오는 물질이기도 하다. 포름알데히드의 관용명이 그 유명한 포르말린이다. 포름알데히드의 고정 원리에는 화학이 등장한다. 비유하자면 고정액은 단백질을 묶는 수갑 역할을 한다. 세포는 단백질로 이루어졌는데, 포름알데히드는 단백질의 복잡한 구조 사이사이를 엮어 단백질을 꼼짝 못 하게 잡아놓는다. 단백질 골조가 단단해지면 세포 전체가 허물어지지 않고, 분해 효소도 옴짝달싹하지 못해 아무 일도 할 수 없다.

생명과학 연구실은 이공계 다른 연구실에 비하면 안전한 편이다. 생명을 다루고 조작하다가 나쁜 카르마가 쌓여 불행으로 돌아올 법

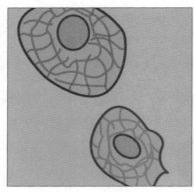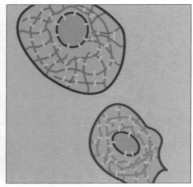

●● 포름알데히드가 세포를 고정하는 원리

도 하지만, 화학 연구실처럼 다양한 위험물질을 연구하는 곳보다 훨씬 낫다.

실험실에서 다루는 시약이 얼마나 유해한지는 시약의 물질안전보건자료Material Safety Data Sheets, MSDS로 알 수 있다. 시약을 구입하면 시약과 함께 여러 종이 문서가 따라온다. 그중 물질안전보건자료는 물질이 얼마나 해롭고 위험한지, 물질에 노출되었을 때 어떻게 처치해야 하는지를 적은 중요한 문서이다. 그러나 정말 위험한 시약이라면 종이 문서만 달랑 던지는 걸로는 부족하다. 뚜껑을 따는 순간 숨만 쉬어도 죽는 약인데, 연구자가 쓰러진 다음에야 팔랑팔랑 떨어지는 종이 문서를 보고 위험을 깨달으면 안 되는 법이다. 생명에 치명적인 정보는 시약병에 인쇄가 되어 나온다. 글로 쓰면 언어를 모르는 사람이 잘못 사용할 수

●● 파라포름알데히드 MSDS에 나오는 경고 그림문자.
왼쪽부터 부식성, 호흡기 과민성, 4등급 독성임을 나타낸다.

있으니 국제적으로 약속한 그림문자로 찍혀 나온다.

　　포름알데히드를 비롯해 고정액으로 쓰이는 물질의 시약병에는 공통점이 있다. 해골 기호와 사람 몸속에 무언가가 터지는 기호가 나란히 붙어 있다. 이 시약이 독이자 발암물질이라는 의미다. 무언가를 녹이는 그림은 금속이나 피부를 부식시키거나 문드러지게 만든다는 뜻이다. 단백질을 묶는 고정액의 기능은 산 세포와 죽은 세포를 구별하지 않는다. 독이 될 수밖에 없다.

　　그만큼 유해물질은 조심해서 다루어야 한다. 고정액처럼 위험한 시약은 환기 장비가 있는 시약장에 보관한다. 고정액을 이용한 실험도 환기 후드라는 실험 장비 안에 손만 넣어 수행한다. 시약을 사용할 때는 병째 쓰는 대신 작은 튜브에 용액을 소분해서 사용한다. 용액을 소분한 후에는 튜브와 뚜껑 사이에 파라핀으로 된 필름을 감는다. 행여나 물질이 휘발되어 연구실 공기와 섞이지 않도록 하는 조치다.

유해물질 자료와 실험 지침이 갖추어져 있어도 마냥 편안히 실험할 수는 없다. 실험실은 부주의와 불신이 뒤얽힌 곳이다. 모든 실험은 나만 잘한다고 끝나는 것이 아니다. 누구든 정신이 없으면 파라포름알데히드PFA를 담은 튜브 뚜껑에 '생리식염수PBS'라고 적을 수 있다. 운이 나쁜 동료가 생리식염수의 튜브를 열면 눈이나 피부가 상하는 것이다. 더 흔한 실수는 고정액을 다룰 때 쓴 장갑을 제대로 폐기하지 않는 것이다. 모든 실험은 연속적이다. 별생각 없이 고정할 때 썼던 장갑을 다른 실험에 또 쓰고서, 실험이 끝난 후 폐기물 통을 착각해 평범한 쓰레기통에 장갑을 버릴 수 있다. 이러면 장갑에 묻어 있던 포름알데히드가 증발해 실험실 공기에 퍼진다. 장갑을 공용 실험복 주머니에 쑤셔 넣는 행동은 최악이다.

누군가의 실수만 의심하는 것이 아니다. 연구실 생활이 심심해질 때면 '어디 어디 연구실'의 소문이 들린다. 동료 연구원에게 앙심을 품은 연구원이 동료의 연구 노트를 포름알데히드에 적셨다느니, 머그컵에 유해물질을 담았다가 헹궜다느니 하는 이야기이다. 대부분은 헛소문이다. 그러나 연구실이라는 정글에서 자신의 건강을 책임질 사람은 자기 자신뿐이다.

대학원생 시절에는 모두 보수적인 종교를 믿듯 몸을 사렸다. 실험실 문과 폐기물 통 손잡이는 절대 맨손으로 잡지 않았다. 실험실에서 많이 쓰는 등받이 없는 초코파이 의자에도 실험복을 입지 않고서는 앉지 않았다. 새로운 실험을 할 때마다 실험대를 에탄올로 닦았다. 그러면서도 누구도 에탄올이 더럽고 위험한 전부를 없애주리라고는 생각하지 않았다. 실험을 하지 않을 때는 실험대에 팔 한 쪽도 기대지 않았다.

아직까지 연구실에서 암 환자가 나왔다는 이야기는 듣지 못했으니, 연구원들의 건전한 편집증도 지나친 행동은 아니었을 것이다. 원인과 결과의 간격이 너무 길면 연결하지 못하는 법이라, 실험실 생활을 청산한 후에는 건강검진 결과를 받고도 연구자로서의 과거를 떠올리지 못하는 걸지도 모르겠지만.

시료를 고정한 후에는 관찰할 수 있는 형태로 만들어야 한다. 유리병 속 청개구리 표본은 멀리서도 청개구리로 보이겠지만, 세포는 맨눈으로 볼 수 없고 현미경으로만 보인다. 사실 배양접시 바닥에서 자란 세포는 고정하지 않은 채 접시째로 현미경 위에 올려놓아도 잘 보인다. 하지만 이는 살아 있는 세포를 잠깐 확인하는 용도로나 쓰는 방법이다. 배양접시 상태로는 시료를 오래 보관할 수 없고, 다음 실험을 진행하기도 불편하다. 현미경에는 슬라이드 글라스slide glass를 놓는다. 표본으로 만들 세포는 키울 때부터 배양접시 위에 얇은 유리cover glass를 올려놓은 후 배양한다. 이러면 세포는 배양접시 바닥 대신 유리판 위에 발을 뻗

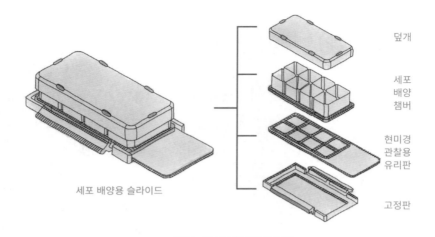

세포 배양용 슬라이드

덮개

세포
배양
챔버

현미경
관찰용
유리판

고정판

●● 세포 배양용 유리판의 구조

으며 자란다. 세포 배양과 고정이 끝나면 핀셋으로 유리판만 옮겨 현미
경용 표본을 만든다. 처음엔 배양접시였다가 접시의 벽만 없애면 현미
경에 올려놓을 수 있는 세포 배양용 유리판cell culture slide도 있다.

포르말린에 절인 청개구리 표본은 생리식염수에 넣어 보관한다.
세포 표본도 생리식염수에 적셔서 보존한다. 생리식염수에 적신 표본
을 슬라이드 글라스에 뒤집어서 봉하면 표본 제작이 끝난다.

유리판 위에 자란 세포는 조금만 건드려도 망가지기 쉽다. 유리판
자체가 깨질 수 있으므로 끝까지 긴장을 풀지 말고 조심스럽게 작업해
야 한다. 마지막으로 슬라이드 글라스에 표본의 이름과 날짜를 기록하
면 마침내 표본이 완성된다.

현미경으로 몸을 보는 방법

몸에서 생명을 꺼내는 이유는 생명을 쉽게 관찰하기 위해서이다. *in vitro* 환경은 변수가 적고 반응도 빨리 확인할 수 있다. 기술적인 측면에서도 *in vitro* 실험이 *in vivo*보다 간단하다. 하물며 실험이 끝난 후 표본을 만드는 짧은 단계도 *in vivo* 실험이 더 복잡하다. 실험동물의 시료를 현미경 표본으로 만드는 과정과 비교해보면, *in vitro* 생명의 한계에도 불구하고 몸에서 생명을 꺼내는 이유를 알 수 있다.

세포를 고정할 때는 배양접시에 고정액을 넣었다 헹구는 담금 고정 방법을 사용했다. 그러나 생쥐의 작은 몸도 실험실 세포 덩어리보다는 수만 배 크다. 게다가 생쥐는 두꺼운 피부 장벽이 몸을 보호하고 있다. 고정액에 사체를 통째로 담근다 해도 고정액에 닿은 부분만 딱딱해지지 온몸이 고정되지는 않는다. 몸을 고정할 때는 관류 고정을 해야 한다. 관류 고정이란 사체의 혈관에서 피를 빼고 고정액을 흘려 조직 구석구석까지 고정액을 채우는 방법이다. 관류 고정을 할 때는 고정액이 모세혈관을 타고 온몸으로 퍼져야 하므로 고정액을 일정한 속도로 흘려줄 펌프 장치가 필요하다. 또한 사후경직이 일어나면 고정액이 조직에 스며들기 어려워지기 때문에 동물이 죽자마자 빠르게 작업해야 한다. 관류 고정을 끝낸 동물의 사체는 온몸에 포르말린이 스며들어 박제처럼 딱딱해진다.

관류 고정 후에는 얇은 '절편'을 만든다. 현미경에서 시료를 보려면 현미경 램프에서 나온 빛이 시료를 통과할 수 있어야 한다. 시료가 두꺼우면 빛이 통과하지 못해 아무것도 보이지 않는다. 배양접시에서 평면으로 자란 세포는 현미경에서 바로 볼 수 있지만, 동물의 조직을 현미경에서 보기 위해서는 빛이 통과할 만큼 얇게 저며야 한다. 연구자가 조직을 직접 칼로 써는 것은 아니고, 시료를 얼리거나 파라핀에 굳혀 단단히 만든 다음 절편기로 얇게 잘라낸다.

절편기는 조직을 머리카락 굵기보다 얇은 포로 만드는 기계이다. 시료를 고정해놓고 면도날만큼 날카로운 칼날을 일정 간격으로 옮기면서 조직을 잘라낸다. 절편을 만들 때는 연구자의 손가락을 걸어야 한다. 포르말린을 다룰 때는 미래의 건강검진 결과가 불안할 뿐이지만, 절편은 날카로운 칼날을 다루는 일이다. 절편기를 조작하다가 실수라도 하면 손가락 살점이 날아간다. 절편기에 쓰이는 칼은 생체 조직을 자르는 데 특화된 칼날이라 상처가 나면 잘 아물지도 않는다.

실험 방법은 나날이 발전한다. 2020년대에는 조직투명화라는 혁신적인 기술이 나왔다. 조직투명화tissue clearing란 생명체였던 조직을 투명하게 바꾸는 기술이다. 세포를 구성하던 지방을 제거하고 수분이 있던 자리에 젤을 주입한다. 조직투명화 기술을 이용하면 투명한 피부, 투명한 뇌, 투명한 간을 만들 수 있다. 투명해진 조직은 어느 지점에서든 빛이 통과하므로 통째로 현미경에서 관찰할 수 있다. 신경세포를 딱 하나만 형광으로 표지한 후 뇌 전체에 조직투명화 기술을 적용하면 투명한 뇌에 딱 하나의 세포만 형광으로 빛나게 된다. 기다란 신경세포의 가지가 뇌의 어느 부분에 뻗치는지 온전히 볼 수 있다. 투명인간이 될 수 있나 솔깃하겠지만, 조직투명화는 죽은 생명에만 적용되는 기술이다. 지방과 수분이 없어진 세포가 제 기능을 할 리 없다.

몸을 벗어난 생명의 대부분은 조직투명화까지 쓰면서 관찰할 필요가 없다. 배양접시 바닥에서 평면으로 자라는 세포는 조직투명화를 하지 않아도 잘 보인다. 조직투명화는 미니 장기인 오가노이드나 실험동물의 기관 등 커다란 덩어리를 자르지 않고 관찰하기에 유용한 기술이다.

조직투명화를 하면 절편을 만들지 않아도 되니 손을 베일 염려는 없겠지만, 조직투명화에도 어려움이 있다. 조직투명화는 여러 가지 시약이 들어가는 복잡한 작업이다. 조직마다 세포의 종류와 배열이 달라서 투명화하는 젤의 성질과 상태를 잘 조절해야 한다. 더욱이 조직의 안팎이 고르게 투명해지려면 연구자의 손도 많이 든다. 3차원 조직을 촬영할 수 있는 전용 현미경도 필요하다. 어떤 조직이 덩어리째 투명해져도 현미경에서 보이는 화면은 2차원 평면이다. 2차원 평면을 3차원 조직으로 재구성하려면 평면을 여러 층으로 찍어야 한다. 그만큼 촬영 시간도 오래 걸린다. 그럼에도 생명을 3차원 맥락에서 볼 수 있다는 점에서 조직투명화는 포기할 수 없는 기술이다.

실험실의 젓가락은
책상보다 크다
세포를 분석하고 분류하는 유세포 분석

세포생물학의 상징은 검은 바탕에 형광으로 빛나는 세포 이미지이다. 하지만 눈에 보이는 것이 연구의 전부는 아니다. 과학의 언어는 숫자다. 아무리 화려한 이미지라도 데이터로 환원되지 않으면 인정받지 못한다. 가장 부드러운 과학이라는 생명과학도 예외는 아니다. 연구자는 자신의 연구 결과를 정량화해야 한다.

어떤 실험은 이미지만으로도 결과가 보인다. '세포에 인슐린 유전자를 형질 주입하면 인슐린 단백질이 발현한다'는 가설을 확인한다고 해보자. 원하는 유전자를 주입하고 단백질이 잘 발현되는지 확인하는 과정은 실험실에서 매일 하는 일이다. 연구자는 세포에 인슐린 유전자를 형질 주입한다. 유전자 두 개를 한 번에 이어서 주입하는 것도 가능하다. 세포에 인슐린 유전자가 제대로 들어갔는지 확인하는 방법은 인슐린 유전자에 녹색형광단백질 유전자를 붙여서 주입하는 것이다. 인슐린 유전자가 들어간 세포는 인슐린과 함께 녹색형광단백질을 발현한다. 현미경으로 보았을 때 녹색으로 빛나는 세포는 인슐린 유전자가 들어갔다고 할 수 있다.

인슐린 유전자가 들어간 세포가 진짜 인슐린을 생산할 수 있을까? 당연한 질문이 아니다. 세포는 복잡한 화학 공장이다. 공장 어딘가에 고장이 났다면 유전자가 있어도 단백질을 만들지 못한다. 세포가 인슐린 단백질을 만드는지 확인하는 방법은 배양접시에 인슐린과 결합하는 항체를 넣어보는 것이다. '세포와 형광 크레파스'에서 설명한 면역형광법이다. 항체의 형광색을 잘 골라야 한다. 녹색 형광은 녹색형광단백질이 이미 써버렸으니 이번 항체는 붉은색 형광을 띠어야 한다. 이제 현미경을 보면 인슐린 유전자가 주입된 세포는 녹색형광단백질 때문에 녹색 형광을 띠며, 세포가 만든 인슐린 단백질에는 붉은색 형광을 빛내는 항체가 결합할 것이다. 가설이 맞다면 녹색 형광과 붉은색 형광은 같은 세포에 겹쳐져 나올 것이다. 따라서 두 형광 이미지를 합쳐 보면 녹색과 붉은색 형광이 어우러져 노란색으로 빛나는 세포가 보일 것이다. 연구자는 노랗게 빛나는 세포를 확인한 다음 실험이 잘 되었다며 안심하고 다음 단계 실험으로 넘어간다.

흠잡을 데 없는 결과이지만, 이런 실험에서도 꼬투리를 잡을 수 있다. 녹색 형광과 붉은색 형광이 한 세포에 겹쳐 보였다고 해서 가설이 맞은 것은 아니라고 말이다. 거대한 배양접시에서 현미경으로 볼 수 있는 면적은 점이나 다름없다. 연구자가 현미경으로 본 부분에서만 우연히 형광이 겹친 것일지도 모른다. 시비가 붙은 연구자는 실험에 쓰인 세포의 형광 발현 여부를 제대로 알려주겠다고 답한다.

이런 경우에 어떻게 하면 인슐린 유전자를 주입한 세포가 인슐린을 만든다고 확신할 수 있을까? 현미경으로 배양접시를 모조리 촬영하면 된다. 현미경으로 한 번에 볼 수 있는 영역은 아주 작으므로 배양접시 곳곳을 찍어 아주 많은 이미지를 얻어야 한다. 이미지를 얻은 후에는 정량화한다. 형광빛을 내는 세포 수를 전부 세는 것이다. 이미지가 데이터가 되는 지점이다. 녹색 형광과 붉은색 형광 세포, 형광이 겹치는 세포의 개수를 세면 유전자가 주입된 세포와 단백질을 발현한 세포 사이의 비율을 구할 수 있다. 형광이 겹친 세포의 수가 우연히 형광이 겹칠 경우의 수보다 크다면 가설이 맞다고 간주한다. 현상을 수량으로 나타내는 기술이 통계이다. 인슐린 유전자를 주입한 세포가 인슐린을 만든다는 가설을 통계적으로 입증했으므로 다음 실험으로 넘어간다.

물론 연구는 이렇게 진행되지 않는다. 연구자는 현미경으로 배양접시를 이리저리 둘러보며 형광을 직접 관찰했다. 여기에 트집을 잡으며 세포의 전수 조사를 시키는 것은 연구자를 괴롭히는 짓이다. 그렇지만 연구를 하다 보면 세포의 정확한 개수나 비율이 필요한 순간이 있다. 이럴 때 유세포 분석flow cytometry 기술을 이용하면 배양접시에 있는 세포 중 형광을 나타내는 세포 수를 사진을 찍지 않고도 셀 수 있다.

유세포 분석은 레이저를 이용해 세포를 분석하는 기술이다. 작은 시험관에 세포 배양액을 담아 유세포 분석기에 꽂는다. 분석기가 배양액을 빨아들여 얇은 노즐로 보내면, 배양액에 들어 있던 세포가 얇은 노즐 안에서 한 줄로 흐르게 된다. 이 흐름에 레이저를 쏘면 세포 하나하나를 훑을 수 있다. 유세포 분석이라는 말 그대로 흐름을 타는 세포를 분석해 특성을 알아내는 방법이다.

유세포 분석기는 공항의 보안 검색대와 비슷하다. 성능이 좋은 검색대는 사람들의 키나 몸무게, 금속으로 된 물건의 소지 여부도 알아낸다. 하루 종일 검색대를 돌리면 지나간 사람 각각은 숫자가 된다. 그날 총 몇 명이 통과했는지, 키는 평균 몇 센티미터였고 체중은 평균 몇 킬로그램이었는지, 성별 비율 등의 자료가 나올 것이다. 이제 세포를 한 줄로 세운 후 보안 검색대를 통과시킨다고 상상해보자. 유세포 분석으로 얻은 데이터도 세포 집단의 특성을 함축한 통계 자료로 변환된다. 숙련된 연구자는 유세포 분석기의 자료만 훑고도 세포 집단의 특성을 파악해낸다.

유세포 분석기는 복잡한 기기이다. 액체를 흘려보내는 데 필요한 유체학, 레이저를 방출하고 탐지하기 위한 광학, 레이저 신호를 전자기파로 변환하는 전자공학이 적용된다.

유체학 원리는 세포를 한 줄로 세우는 데 필요하다. 우선 세포가 하나씩 지나갈 관이 있어야 한다. 유리나 실리콘으로 된 얇은 빨대가 떠오르겠지만, 고체로 된 관에 배양액을 흘리면 속도도 느릴뿐더러 조금만 큰 세포가 지나가도 관이 막힌다. 유세포 분석기는 액체로 된 관을 사용한다. 생리식염수로 된 파이프가 배양액을 둘러싸는 방식이다. 바깥쪽 액체가 천천히 흐르고 안쪽 액체가 빠르게 흐르는 상황에서, 두 액체의 유속이 충분히 다르면 서로 접촉해 있어도 섞이지 않는다. 생리식염수는 배양액을 둘러싸고 천천히 흐르며 배양액이 중앙으로 모이도록 압력을 가하고, 통로 중앙으로 모인 배양액은 빠르게 흘러 세포가 하나씩 줄을 설 만큼 얇아진다.

광학 원리는 세포를 측정하는 레이저를 다룰 때 쓰인다. 세포에 레이저를 쏘고 산란하는 정도를 분석해 세포의 크기와 밀도를 알아낸다. 형광빛이 나오는 세포를 탐지할 때는 형광단백질이 흡수하는 파장의 레이저를 쏜다. 형광단백질이 레이저를 받고 방출하는 형광의 파장을 탐지해 형광 유무를 알아낸다.

전자공학 기술은 레이저 정보를 전자기파로 변환할 때 쓰인다. 이렇듯 유세포 분석기에는 여러 가지 복잡한 기술이 들어간다.

유세포 분석기에 분류 기능을 추가하면 세포 분류기cell sorter가 된다. BD Biosciences 회사에서 나온 Fluorescence-Activated Cell Sorting, 즉 FACS(팩스)가 이 분야의 대표 기기이다. 세포 분류기를 이용하면 레이저로 세포를 훑는 차원을 넘어 한곳에서 자라던 세포를 다른 접시에 나누어 담을 수 있다.

일반적인 유세포 분석기에서는 세포 배양액이 얇은 노즐을 지나

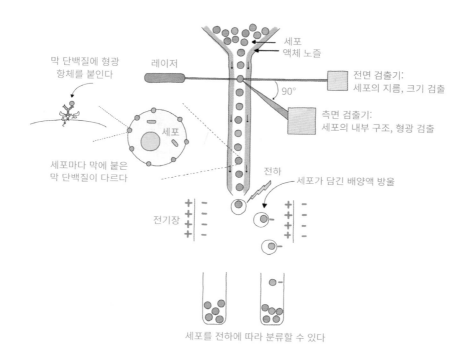

막 단백질에 형광
항체를 붙인다

레이저

세포

세포마다 막에 붙은
막 단백질이 다르다

세포
액체 노즐

90°

전면 검출기:
세포의 지름, 크기 검출

측면 검출기:
세포의 내부 구조, 형광 검출

전하

세포가 담긴 배양액 방울

전기장

세포를 전하에 따라 분류할 수 있다

●● FACS의 모식도.
레이저가 세포를 측정한 후 전하를 걸어 세포를 분류한다.

가며 레이저를 통과한다. 세포 분류기는 레이저가 지나간 배양액 노즐에 진동을 주어 배양액이 방울져서 떨어지게 만든다. 배양액 방울은 한 방울에 단 하나의 세포만 들어갈 만큼 작다. 떨어지는 방울에 전하를 걸면 방울이 양전하나 음전하를 띠게 되고, 반대 전하에 끌려가며 떨어진다. 노즐 양 끝에 양전하나 음전하를 걸어서 방울 속 세포를 양전하,

음전하, 전하가 없는 상태까지 총 세 종류로 분류할 수도 있다.

유세포 분석과 분류 기술을 이용하면 세포의 특징에 따라 세포를 분리할 수 있다. 기준치 이하로 작은 세포를 걸러내거나 형광을 발현하는 세포만 옮겨 담을 수 있다는 말이다. 보안 검색대라면 총기 소지로 걸린 사람은 오른편 대기실로 보내고, 키 190센티미터 이상은 왼쪽 통로, 나머지는 중앙 통로로 보내는 것과 비슷하다.

이렇게 골라낸 세포를 다시 배양할 수도 있다. 레이저를 쐬고 전기를 먹는다고 해서 세포가 죽는 건 아니다. 건강한 세포는 세포 분류기를 살아서 통과한다. 앞서 예를 든 실험에서 녹색 형광을 발현하는 세포만 한쪽으로 분류한다면, 인슐린 유전자가 주입된 세포만 분류해서 다음 실험을 할 수 있다.

세포 분류기는 원하는 세포만 집어 옮기는 실험실의 젓가락이다. 오늘날 팩시밀리FAX를 쓰는 사무실은 거의 없겠지만, 생명과학 연구실의 팩스FACS는 문서 대신 세포를 보내느라 꺼질 틈이 없다. 수많은 연구실 중 FACS를 가장 많이 쓰는 곳은 면역학 연구실이다. 면역세포는 몸 구석구석을 돌아다니며 위험 요소를 찾는다. 면역세포는 혈액이나 림프액을 타고 다니다 보니 동글동글한 부유 세포가 많다. 부유 세포는 현미경으로 보기 어렵다. 배양접시 바닥이나 다른 세포에 붙어 자라는 부착 세포와 다르게 배양액 속에서 계속 움직이기 때문이다. 움직이는 아기나 강아지 사진도 찍기 어려운데, 고배율로 움직이는 세포를 정확히 촬영하기란 더욱 어렵다. 이럴 때 FACS를 이용한 유세포 분석 기술을 쓰면 환자 혈액에 있던 면역세포가 어떤 종류인지 알아낼 수 있고, 이를 통해 환자가 어떤 질병에 걸렸는지도 유추할 수 있다. 이외에도 유세포 분석은 생리학, 대사체 연구 등 다양한 연구에 쓰이고 있다.

생명과학 연구는 손을 탄다. 연구자의 숙련도에 따라 나와야 할 결과도 나오지 않는다. 그중에서도 유세포 분석은 전문가가 아니면 기기를 다루기 어렵고, 데이터를 해석하는 데 내공이 필요하다. 전문가라도 FACS는 어렵다. 세포를 분류하기 위해서는 배양액을 작은 방울로 만들어야 한다. 더욱이 세포의 종류와 배양액의 밀도에 따라 매번 기기의 조건을 다르게 맞추어야 한다. FACS는 비싸고 섬세한 기기라 무턱대고 부딪치며 배울 수도 없다. 이런 전문 기기는 고장 나면 수리비가 비싼 것은 둘째치고 해외의 전문 엔지니어가 수리하러 올 때까지 모든 실험이 중단된다. FACS는 비싼 기기라서 여러 연구실이 같이 쓰는 경우가 많다. 한 사람의 실수로 인해 연구소 전체가 피해를 입을 수도 있다. 그래서 보통은 전공자라도 FACS 전문 담당자에게 분석을 의뢰하거나, FACS를 쓸 줄 아는 연구자를 찾아 훈련받은 다음 사용한다.

짧은 연구실 생활을 하는 동안 FACS를 직접 다뤄본 적은 없다. 내가 있던 연구실에서 FACS를 다룰 수 있던 사람은 실험에 잔뼈가 굵은 한 분뿐이었다. 나는 FACS에 필요한 시약이나 세포 배양액을 준비하기만 했다. 실험실에서는 배양접시에 세포를 하나씩 담을 때 FACS를 사용했다. 수북이 쌓인 콩 더미에서 젓가락으로 콩을 하나씩 들어 각기 다른 접시로 옮기는 일과 같다. 물론 세포의 크기는 콩보다 훨씬 작아서 아무리 세포가 많이 쌓여 있어도 눈에 보이지 않았다. 당시 연구에 썼던 배양접시는 손바닥만 한 플라스틱 접시에 96개의 구멍이 있는 물건이었다. 구멍 하나는 지름이 1센티미터도 되지 않지만, 세포 하나가 살기에는 운동장만큼이나 넓은 곳이다. 96개의 구멍마다 배양액을 넣고 섭씨 37도로 데워두면 FACS가 접시를 움직이며 구멍 하나하나마다 세포를 넣었다.

세포 실험실에서 FACS의 분류 작업이 필요한 이유는 다양하지만, 그중 하나는 한 세포의 클론clone을 만들기 위해서이다. 세포 하나가 수십 번 분열해 만들어진 세포 더미를 클론이라고 부른다. 클론은 실험을 정확하게 하기 위해 필요하다. 몸을 구성하는 세포는 유전 정보가 똑같을 것 같지만, 그들도 시간이 지나면서 서로 달라진다. 어딘가에서 돌연변이가 생기기 때문이다. 세포에 생기는 돌연변이는 한 번 세포주를 구입했다고 해서 연구실이 망할 때까지 주야장천 사용할 수 없는 이유이기도 하다.

세포 더미를 한꺼번에 분석하면 서로 다른 세포의 평균 정보밖에 얻지 못한다. 사회과학의 설문조사 연구와 마찬가지이다. 수천 명에게 질문지를 주고 답변을 받아봤자 평균을 비롯한 통계적 정보만 사용할 수 있다. 대량의 설문조사를 수백 번 하더라도 한 사람과의 깊이 있는 인터뷰에서 나올 수 있는 정보를 얻기는 힘들다.

그렇다면 단 하나의 세포에게 무슨 일을 하는지 물어볼 수 있을까? 2020년대 들어 가능해진 단일 세포 연구 방법을 이용하면 질문의 답을 얻을지도 모르겠다. 단일 세포 연구란 세포 하나의 유전체나 단백질의 정보를 얻는 연구 전반을 말한다. 세포 하나를 붙잡고 어디서 무얼 하는지 인터뷰를 하는 셈이다. 그러나 세포 하나에서 의미 있는 데이터를 얻기란 아직도 어렵다. 세포는 아주 작다. 세포 하나에 담긴 생체물질의 양도 적다. DNA를 예로 들면, 세포 하나에는 기나긴 DNA 정보가 한 쌍 있을 뿐이다. 연구자가 DNA 서열을 분석하다가 오류가 생겨도 그것이 오류인지조차 구별할 수 없다. 세포 하나에 들어 있는 단백질 양도 세포 하나만큼밖에 되지 않는다.

연구자는 세포 하나를 분석해 믿을 수 없는 정보를 얻거나, 여러 개의 세포를 분석해 정확하지 않은 정보의 평균을 얻는 것 중 무엇을 택해야 할까? 물론 효소를 이용해 세포 하나의 유전체를 배로 늘릴 수도 있다. 돌연변이와 오류를 분간하는 알고리즘을 개발할 수도 있다. 해결책 중 하나는 세포 하나를 여러 번 분열시켜 여러 개의 같은 세포를 얻은 후 이를 분석하는 것이다. 세포가 분열하는 도중 돌연변이가 생길 수도 있지만, 처음부터 균질하지 않은 세포를 분석하는 것보다 오차가 적다.

배양접시 하나에 세포를 하나씩 넣는 일. 콩이 아니라 세포를 다루기에 경이로운 작업이다. 인간은 다세포 동물이다. 몸을 구성하는 세포는 집단으로 자란다. 단세포 동물이라고 해도 홀로 살지 않는다. 실험실에서도 세포를 딱 하나만 키우는 일은 거의 없다고 봐도 좋다. 그런데 FACS는 세포 더미에서 세포를 딱 하나만 옮겨 떨어트린다. FACS의 원리를 알고나서도 단일 세포를 만드는 과정은 생명은 함께 살아야한다는 자연의 섭리를 거스르는 것처럼 보였다.

배양접시에서 홀로 남은 세포가 살아남는 일은 매번 기적처럼 느껴졌다. 사나흘 지난 후 배양접시를 다시 보면, 어떤 접시에는 세포가죽어서 사라져버렸지만 어떤 접시에는 세포가 둘이 되어 있다. 외로움을 이겨내고 분열한 것이다. 실험실 생명도 생명의 경이감을 간직하고있다. 둘이 넷이 되고, 넷이 더미로 늘어나는 수백 개의 단일 세포 클론을 배양하는 일은 경이롭기보다는 두려운 일이지만.

19세기 다윈과 동시대 생물학자들은 몸을 단위로 생명을 연구했다. 20세기 중반부터 생물학의 주인공은 세포가 되었다. 지금까지는몸을 벗어난 세포를 어떻게 먹여 살리는지, 몸을 벗어난 세포에는 어떤종류가 있는지, 몸을 벗어난 세포를 어떻게 관찰하고 다루는지 설명했다. 오늘날 생명과학 연구실은 세포를 초월해 더 복잡한 층위에서 생명현상을 연구한다. 조직과 기관이 몸을 벗어나 실험실에 오게 된 것은2000년대 후반부터 일어난 최근의 일이다. 21세기의 생명과학 연구는세포에서 끝나지 않는다.

4장

몸을 벗어난 생명
몸을 만드는 생명

실험실에서 만든 시제품 생명

생명 발생을 본떠 만든 오가노이드

〈돌과 물〉이라는 동요가 있다. 제목은 낯설지만 바윗돌을 깨트려 돌덩이를 만들고 돌덩이를 깨서 돌멩이를 만드는 노래라고 하면 알 것이다. 생명은 이 동요의 2절 가사처럼 만들어진다. 도랑물이 모여 개울물이 되고 개울물이 모여 시냇물이 되듯이, 세포는 모여서 조직을 만들고, 조직이 짜이면 기관이 된다.

세포가 생명 활동의 단위라면 조직tissue은 세포가 모여 일을 하는 최소한의 단위이다. 소장의 상피 조직을 예로 들어보자. 이곳에는 영양분을 흡수하는 세포 말고도 호르몬을 분비하는 세포, 세포가 손상되어 죽은 자리를 새로운 세포로 채우는 줄기세포 등이 모여 있다. 이들은

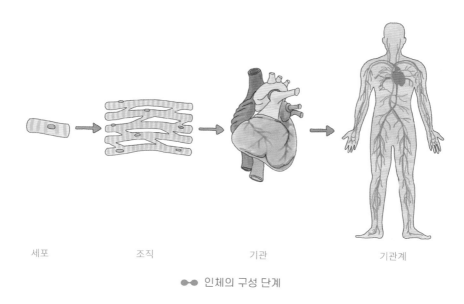

| 세포 | 조직 | 기관 | 기관계 |

●● 인체의 구성 단계

한데 뭉쳐 소장 안쪽의 음식물을 소화해 영양분을 흡수한 뒤 혈액으로 보낸다. 서로 다른 세포들이 협력해서 이루는 기능이다.

조직은 세포와 세포를 둘러싼 환경인 '세포 외 기질Extracellular Matrix, ECM'로 이루어진다. 기질이란 무엇일까? 우리 몸은 하나의 수정란이 수없이 분열해서 만들어졌지만, 몸에는 세포가 아닌 부분도 존재한다. 세포는 아니지만, 세포에서 만들어져 세포 밖으로 나오는 물질이 세포 사이를 메우는 부분을 세포 외 기질이라고 한다. 조직은 다양한 세포는 물론이고 세포 외 기질까지 포함하는 개념이다.

조직을 조립하면 기관organ이 된다. 흔히 장기라고 불리는 기관은 생명을 구성하는 구조적 단위이다. 기관은 구체적인 형태와 기능을 갖추고 있다. 없으면 죽지만 과학이 충분히 발달한 세상에서 바꿔 끼우는 일이 가능해지게 될 덩어리이다. 간이나 신장처럼 익숙한 장기부터 근육, 눈물을 만드는 눈물샘, 혈관과 혈액 모두 기관이다. 이 기관들이 하는 역할을 크게 묶으면 기관계organ system가 된다. 기관계에는 음식이 지나가는 통로를 묶은 소화계, 심장과 혈관을 포함한 심혈관계, 성별에 따라 구성이 달라지는 생식계 등이 있다.

실험실 세포도 조직으로 모일 수 있을까? 배양접시 한 개에 든 세포 수는 어마어마하다. 손바닥만 한 배양접시에 적어도 수십 만에서 많게는 수백 만 개의 세포가 있다. 이런 세포들은 조직이라고 할 수 없다. 배양접시 바닥에 붙어서 2차원으로 자라는 세포는 3차원인 몸에서 자라는 세포와 특성도 다르고, 세포 사이에서 일어나는 상호작용도 단순하다. 그저 같은 세포끼리 모여 있을 뿐이다. 이들은 세포 하나 이상의 새로운 기능을 해내지 못한다.

몸을 구성하는 세포나 몸을 벗어난 세포나 세포는 세포이다. 어떻게든 짜맞추면 실험실 세포도 조직이나 기관이 될지 모른다. 예컨대 뇌를 만들기 위해 뇌를 구성하는 신경세포와 신경교세포를 비롯한 온갖 세포를 배양해 섞는 것이다. 아쉽게도 다양한 세포를 한꺼번에 배양한다고 해서 조직이나 기관이 되지 않는다. 그럼에도 과학자들은 실험실 세포를 이용해 새끼손가락 손톱만 한 크기의 미니 장기를 만드는 단계까지 도달했다. 이렇게 실험실에서 만든 인공 기관을 오가노이드

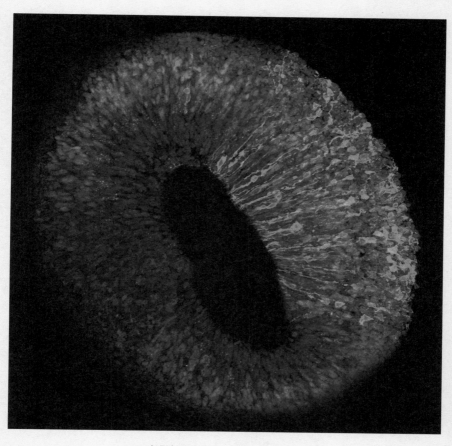

●● 형광현미경으로 본 인간 뇌 오가노이드

organoid라고 부른다. 기관을 뜻하는 organ에 비슷한 것을 뜻하는 접미사 -oid가 붙은 합성어이다. 오가노이드는 여러 가지 세포가 짜임새 있게 배열되어 생명체의 기관과 유사한 기능을 한다. 눈물샘 오가노이드는 눈물을 만들고, 장 오가노이드는 소화 효소를 분비하고 양분을 흡수한다.

오가노이드를 만들려면 연구자가 직접 온갖 세포를 하나씩 배열해야 할까? 손이 엄청나게 필요하겠지만 다행히 그렇게 하지 않아도 된다. 오가노이드는 저절로 만들어진다. 배 속 태아의 장기를 곳곳에 배치하지 않아도 아기가 온전하게 태어나는 것과 같은 이치다. 오가노이드가 '기관과 비슷한 것'이라는 뜻의 이름을 갖게 된 이유는 기관이 만들어지는 과정을 따라가기 때문이다.

오가노이드가 만들어지는 원리를 알기 위해서는 발생을 알아야 한다. 발생이란 하나의 세포가 30조 개의 세포로 분열하며 복잡한 몸이 되는 과정이다. 달걀이 병아리가 되는 3주, 엄마 배 속 수정란이 한 명의 아기가 되어 나오는 아홉 달 사이에 일어나는 일이다. 발생은 생명의 신비라고 뭉뚱그리기에는 아주 신기한 현상이다. 한 개의 수정란이 수십 조의 서로 다른 세포가 되는데, 그 과정이 저절로 일어난다.

모든 세포의 꿈은 세포 둘이 되는 것이다. 시간과 양분만 충분하다면 대장균도 조 단위로 불어난다. 발생이 단순한 세포 분열과 다른 점은 수정란 하나가 분열해 나온 수많은 세포가 각자의 자리로 가서 다른 역할을 하는 세포가 된다는 것이다. 신경세포는 신호 전달에 필요한 단백질을 만들고, 피부세포는 피부를 만드는 단백질을 만들면서 각자 정체성을 찾는다. 그런데 이 모든 세포가 단 하나의 수정란에서 나왔다. 같은 DNA와 단백질을 갖고 있는 세포가 분열해 서로 다른 세포가 되는 것이다.

이처럼 신기한 발생의 비밀은 공간에 있다. 앞서 세포는 화학물질을 뿜으며 소통한다고 했다. 다시 말해 세포는 주변 세포가 뿜는 화학물질에 영향을 받는다. 세포 하나가 분열해 둘이 되었는데, 하나는 왼쪽으로 가고 다른 하나는 오른쪽으로 간다고 해보자. 왼쪽에는 신경세포 무리가 있고 오른쪽에는 피부세포들이 있다. 이런 상황이라면 두 세포는 주변 세포의 영향을 받아 왼쪽은 신경세포로, 오른쪽은 피부세포로 변하게 된다. 신경세포는 신경세포의 단백질을, 피부세포는 피부세포의 단백질을 뿜으며 소통하기 때문이다. 세포는 한 번 자리를 잡으면 분화하는 능력을 잃어버린다. 개체가 완성된 이후로도 세포가 주변의 영향을 받아 다른 세포로 변한다면 손가락에서 맛이 느껴진다거나 눈물샘에서 인슐린이 나오는 끔찍한 일이 벌어질 것이다.

세포는 주변 세포의 영향을 받는다고 했다. 수정란은 수정란 하나일 뿐, 주변에 세포가 없다. 수정란의 운명을 가르는 공간은 수정란 안에 있다. 세포라고 하면 동그란 세포질 중앙에 핵이 있는 모양을 상상할 것이다. 그런데 실제 세포는 상상과 달리 동그랗지도 않고 내부가 균일하지도 않다. 세포질에는 단백질이나 RNA처럼 유전자 발현을 조절하는 물질이 들어 있다. 이러한 조절 물질은 세포 내부의 위치에 따라 농도가 다르다. 세포가 가로로 분열한다면 위에 있는 세포와 아래에 있는 세포 내부의 조성이 달라진다. 이 미세한 차이가 두 세포를 서로 다른 세포로 만든다.

발생은 엄마의 도움으로 시작된다. 수정란의 세포질은 난자의 것이었기 때문이다. 수정란이 여러 개의 세포로 나뉘면 갈라진 세포마다 들어 있는 난자의 세포질 성분도 조금씩 달라진다. 세포가 분열을 반복할수록 비슷한 주변 세포가 생겨난다. 이웃은 이웃끼리 소통하며 닮아가는 반면 멀리 있던 세포와는 더욱 달라진다. 발생 초기에 있던 작은 차이도 시간이 지나며 증폭된다. 시작할 때는 하나였던 세포가 여러 번 분열하며 완전히 다른 세포가 된다.

발생의 원리를 실험실 세포에 적용한 결과물이 오가노이드이다. 처음에는 무엇이든 될 수 있는 줄기세포를 두고, 세포 배양액을 발생 초기 단계와 비슷한 환경으로 맞추어준다. 이후 세포의 분화 단계에 맞춰 배양액의 조성을 바꾸어간다. 발생 과정을 주입당한 세포는 연구자가 원하는 방향으로 분화한다. 세포 수가 늘어나고 알아서 자리를 잡으며 조직과 미니 기관이 만들어진다.

줄기세포란 세포를 만드는 세포, 무엇이든 될 수 있는 세포라고 했다. 발생과 뗄 수 없는 것이 줄기세포이다. 수정란은 모든 세포로 분화할 수 있는 전능한 줄기세포이다. 수정란의 전능성은 분화하면서 조금씩 줄어든다. 어느 순간 세포는 배아를 만드는 배아줄기세포가 되고, 배아줄기세포도 시간이 지나면 몸을 구성하는 또 다른 세포로 분화한다. 오가노이드는 완전한 생명이 아니라 하나의 기관만 본뜬 실험체이므로 전능한 수정란을 쓰지는 않고, 수정란이 몇 번 분열한 다음 단계인 배아줄기세포를 씨앗으로 사용한다. 배아줄기세포는 배아를 구성하는 모든 세포가 될 수 있는 만능성을 지닌다. 대부분 실험실에서는 야마나카 신야가 개발한 iPS 세포를 사용한다. 체세포를 배아줄기세포와 비슷한 상태로 되돌린 세포이다. 인간의 배아줄기세포는 구하기도 어렵고, 사용하는 데 윤리적 문제도 따르기 때문이다.

오가노이드는 2000년대 후반부터 발전한 최근 기술이다. iPS 세포는 2006년 야마나카 신야가 발표하기 전에는 존재하지도 않던 개념이었다. 세포가 기관 모양으로 뭉치기 위해서는 세포를 3차원으로 배양하는 기술도 필요하다. 세포가 바닥에 붙지 않도록 젤을 처리한 특수한 배양접시를 쓰거나 세포가 바닥에 붙지 못하도록 빙글빙글 돌리는 배양기bioreactor(반응기)를 사용해야 한다.

오가노이드를 만드는 데 적어도 40일이 걸린다. 사람의 장기가 형성되는 데 아홉 달은 걸리니 오가노이드는 실제 몸보다 만들기 간단하다. 그러나 오가노이드 배양은 일반 세포 배양과 비교하면 시간과 노력이 배로 들어가는 작업이다. 지금까지 유방암 연구자는 유방암 조직에서 유래한 유방암 세포주를 연구에 이용했다. 인터넷에서 세포를 구매하면 손가락만 한 세포 통이 드라이아이스에 꽁꽁 싸매어 배송된다. 이것을 녹여 배양접시에 옮기고, 며칠 동안 세포가 안정화되길 기다리면 실험 준비가 끝난다. 그러나 오가노이드로 유방암을 연구하고 싶다면 줄기세포 하나가 유방 비슷한 작은 기관이 되기까지 40일 넘게 기다려야 한다.

　그렇게 만들어진 실험실 오가노이드는 미니 장기라고 부르기도 민망할 만큼 작다. 성숙한 오가노이드조차 밀리미터 단위 수준에 불과하니 인형의 심장이나 폐를 상상하고 보면 실망할지도 모르겠다. 오가노이드가 진짜 장기만큼 크지 못하는 이유는 오가노이드에 혈관이 없기 때문이다. 현재 과학 기술이 오가노이드에 혈관을 붙이는 수준까지는 다다르지 못했다. 오가노이드에 필요한 영양분은 주변의 배양액에서 들어온다. 오가노이드가 커지면 속까지 양분이 스며들 수 없어서 일정 크기 이상은 커지지 않는다. 혈액이 돌지 않는 오가노이드는 미니 장기라기보다 누런색을 띠는 살덩어리에 가까워 보인다.

　오가노이드는 크기만 작은 게 아니라 구조도 단순하다. 연구자에게 오가노이드의 단순함은 단점이 아니다. 몇십 일 배양해서 만들어진 작은 살덩어리에 실험에 필요한 세포가 모두 있고, 구조가 단순하다 보니 약물 등의 자극을 주기도 쉽다. 오가노이드에 자극을 주었는데, 세포에서 보이는 반응이 실제 기관에서와 비슷하게 나온다면 그야말로 대박이다. 생명 현상을 실험하거나 질병 모델로 활용할 수 있기 때문이다. 사람 장기를 직접 쓰는 것보다 훨씬 낫다.

　오가노이드는 배양 환경에 따라 '스스로 만들어지지만', 오가노이드를 만드는 연구실은 절대 저절로 생기지 않는다. 나는 오가노이드를 직접 배양해본 적은 없고, 만들어진 오가노이드를 몇 번 구경만 해보았다. 오가노이드를 만드는 방법과 영상은 유튜브에서 볼 수 있다. 영상만으로도 평범한 세포 배양보다 손이 많이 가는 게 보였다. 세포 덩어리를 일일이 눈으로 확인하며 옮기고, 배양접시에 동그랗게 뭉친 오가노이드를 피하며 배지를 갈아주어야 한다. 배양 과정이 와닿지 않는다면 금붕어 어항을 갈아주는 일과 비슷하다고 생각하면 된다. 금붕어를 다른 수조로 옮길 때는 죽지 않도록 물과 함께 떠서 옮기고, 수조의 물을 바꿀 때는 금붕어가 놀라지 않도록 조심스럽게 갈아야 한다. 사람 크기는 그대로인 상태에서 금붕어 크기만 마이크로미터로 줄이면 오가노이드 배양과 비슷해질 것이다.

배양이 오래 걸릴수록 오염이 발생할 여지도 커진다. 오가노이드가 성숙하는 40일 안에 한 번이라도 오염이 일어나면 그때까지 자라고 있던 오가노이드를 폐기하고 실험을 다시 시작해야 한다. 오가노이드 실험은 비용도 비싸다. 세포를 건강하게 유지하되 다른 조직으로 분화하지 않도록 영양분 조성을 맞추고, 여기에 연구자가 원하는 장기로 분화하도록 특수한 시약을 첨가해야 한다. 배지 가격만 해도 평범한 세포주 배지의 스무 배는 되니 시약의 가격은 찾아보지도 않았다. 오가노이드 연구자들에게 경의를 표할 뿐이다.

연구자는 신기술이 나왔다고 해서 그저 따라가는 게 아니라 자신의 연구에 맞는 모델을 전략적으로 골라야 한다. 오가노이드는 만능이 아니다. 불멸화 세포주보다 오가노이드가 실제 몸에 더 가깝겠지만, 오가노이드를 만드는 데는 시간이 오래 걸리고 방법도 어렵다. 보고 싶은 생명 현상이 세포 수준에서만 일어난다면 굳이 오가노이드를 만들기보다 세포만 배양해서 확인하는 것이 효율적이다. 대안으로 실험동물을 이용할 수도 있다. 몸이 만든 진짜 장기는 오가노이드보다 훨씬 정교하다. 동물은 자기 면역계를 가지고 있으므로 케이지가 좀 더러워져도 오염되지 않는다. 더욱이 동물 사료로 무엇을 먹이든 세포 실험용 배지보다는 싸다.

그럼에도 오가노이드를 이용하는 연구는 점점 많아지고 있다. 대표적으로 발생에 대한 연구가 있다. 오가노이드를 이용하면 기관이 만들어지는 과정을 실시간으로 관찰할 수 있다. 실험동물을 이용할 때는 발달 중인 동물을 단계마다 희생시켜 관찰해야 했다. 사람의 발생 과정은 여전히 관찰하는 것조차 불가능하다. 과학자가 생명을 몸 밖으로 꺼내는 이유는 쉽게 관찰하고 조작하기 위해서이다. 오가노이드는 발달 중인 기관을 관찰하는 효과적인 수단이다.

삶과 가까운 예도 있다. 2020년 이래로 세계 각국은 코로나19를 연구했다. 그러나 실험실에서 많이 쓰이는 생쥐로는 코로나19 연구를 하기 힘들다. 코로나바이러스의 돌기 단백질이 생쥐 세포의 수용체에 잘 결합하지 않기 때문이다. 어떤 과학자들은 생쥐의 호흡기 세포에 인간의 단백질 수용체를 심는 식으로 생쥐의 유전자를 바꿔보았다. 하지만 이러한 '유전자 변형 생쥐'를 만드는 작업은 쉽고 빠른 일이 아닐뿐더러, 공들여 만든 동물 모델이 사람과 완전히 동일한 결과를 보여주리라고 장담할 수도 없다. 케임브리지대학교 이주현 교수, KAIST 주

영석 교수, 질병관리청, 서울대학교 병원, 기초과학연구원 혈관연구단 공동연구팀은 호흡기 오가노이드에 코로나바이러스를 배양해 폐세포를 파괴하는 과정을 규명했다. 감염 기전뿐 아니라 백신이나 치료제 효능을 확인할 때도 활용할 귀중한 연구였다.

오가노이드의 또 다른 이점은 실험 모델에 개인차를 반영한다는 것이다. 연구에 쓰이는 재료는 실제와 동떨어진 경우가 많다. 암을 연구하는 여러 가지 방법 중 암 세포주를 이용하는 방법도 있지만, 세포은행에서 가져온 암 세포주가 수많은 환자의 암을 모두 대표하지는 못한다. 그런데 환자의 세포를 구해 줄기세포로 역분화하면 환자마다 다른 iPS 세포가 생긴다. 이 iPS 세포로 오가노이드를 만들면 환자의 장기와 똑같은 유전 정보를 지닌 오가노이드가 만들어진다. 이러한 환자 유래 오가노이드Patient-Derived Organoid, PDO를 이용하면 항암제의 효능이나 내성을 오가노이드에서 테스트하고, 환자에게 제일 잘 맞는 치료법을 찾을 수 있다. 오가노이드를 만드는 방법이 표준화되지 않아 아직은 누구나 받을 수 없는 치료법이지만, 실험실에서는 활발히 진행 중인 연구이다.

실험실 생명으로 몸 만들기

3차원 세포 배양, 바이오프린팅, 장기칩

인간의 몸은 완전하지 않다. 바깥에서는 다치고 안으로는 닳는다. 아무 일이 일어나지 않아도 시간이 지나면 몸은 늙는다. 생명을 몸에서 꺼내는 중요한 이유 중 하나는 닳고 닳은 몸을 건강하게 되돌리기 위해서이다. 실험실의 인공 생명이 본래의 몸을 대체할 수 있다면 수많은 질병이 해결된다. 겉으로는 불에 데인 피부를 새로운 피부로 덮고, 안으로는 곪은 장기를 건강한 장기로 교체할 수 있을 것이다.

앞서 생명의 단위에 대해 설명했다. 과학자들은 실험실 생명을 몸에 넣는 연구도 세포부터 개체까지 다양한 차원에서 진행하고 있다. 세포 단위에서는 한창 세포 치료cell therapy를 연구 중이다. 환자의 몸에 부족한 세포를 밖에서 주입하는 치료 전략이다. 특히 iPS 세포가 세포 치료의 만능 재료로 많은 기대를 받고 있다. 환자의 몸에서 추출할 수 있고, 이론상 몸을 구성하는 어떤 세포로도 분화할 수 있기 때문이다. 널리 알려진 예는 백혈병 치료법인 골수 이식이다. 골수 이식은 정확하게 표현하면 골수에 있는 조혈모세포를 이식하는 치료법이다. 조혈모세포란 혈액세포를 만든 줄기세포이다. 환자 몸에 있는 비정상적인 혈액세포를 방사선 치료로 제거한 뒤 건강한 사람의 조혈모세포를 환자의 골수에 이식하면 건강한 혈액세포가 만들어진다.

세포 다음은 조직이다. 실험실 세포를 짜맞춰 피부나 연골 같은 조직을 만드는 전략이다. 화상 환자의 피부에 인공 피부 조직을 덧씌우거나 관절염이 심한 무릎에 인공 연골을 삽입하는 식이다. 실리콘이나 세라믹처럼 생체에 적합한 인공 재료를 쓸 수도 있지만, 환자 자신의 세포로 조직을 만들어서 이식하면 회복은 빠르고 부작용은 적다.

몸을 벗어난 조직은 어떻게 만들어질까? 똑같은 세포라도 몸을 벗어나 실험실에 오면 모양부터 특성까지 전부 달라진다. 세포를 조직의 일원으로 만들기 위해서는 새로운 배양 방식이 필요하다.

전통적인 세포 배양 방식을 한 문장으로 요약하면 '플라스틱 접시에 배지와 세포를 담고 인큐베이터에 넣는다'이다. 이렇게 키운 세포는 배양접시 바닥에 얇은 막처럼 퍼진다. 적혈구 같은 부유 세포를 제외하면 대부분 세포는 바닥에 닿으면 발을 뻗어서 별 모양으로 자란다. 세포는 분열해 배양접시를 채우며 얇고 넓은 카펫을 만든다.

모든 세포의 꿈은 세포 두 개가 되는 것이라고 했다. 실험실 세포도 배양접시 바닥에 붙자마자 분열을 준비한다. 그러나 플라스틱 바닥은 2차원 세계이다. 세포가 불어날 공간이라고는 바로 옆밖에 없다. 바닥에 뿌리를 내린 세포는 천천히 수를 불리며 면적을 넓히다가 배양접시의 벽에 닿으면 분열을 멈추고 눈치를 본다. 연구자는 배양접시 바닥에 붙은 빽빽한 세포 카펫을 현미경으로 들여다보며 연구한다. 이러한 배양 방법을 앞으로 설명할 3차원 세포 배양에 대조해 2차원 세포 배양이라고 하겠다.

실험실 세포가 접시 바닥과 배지 사이의 2차원 바닥에 있다면, 몸속 세포는 3차원 공간에 있다. 세포 주변에는 사방팔방으로 이웃한 세포가 있다. 이웃 세포와 맞닿지 않은 부분이 있어도 세포 외 기질이라는 단백질 그물이 세포를 감싸안는다.

몸속 3차원 생체 환경을 재현하기 위해서는 실험실 배양 환경도 3차원으로 바뀌어야 한다. 3차원 세포 배양의 핵심은 세포에게 바닥을 주지 않는 것이다. 바닥에 닿은 세포는 발을 내리며 납작해지기 때문이다. 세포에게 바닥을 주지 않는 한 가지 방법은 끊임없이 출렁대는 배양기 속에서 세포를 키우는 것이다. 빙글빙글 돌아가는 배양기 속에서는 세포가 가라앉을 틈이 없다. 세포 수가 불어나더라도 서로 동그란 구 형태로 뭉친다. 바이오 의약품을 생산하는 CHO 세포도 이런 배양기 속에서 자란다. 통돌이 세탁기 같은 원통에 배지와 세포를 넣고 빙글빙글 돌리는 모습을 상상하면 된다.

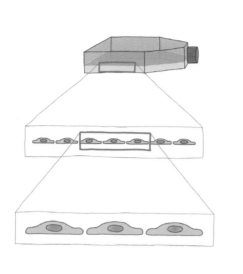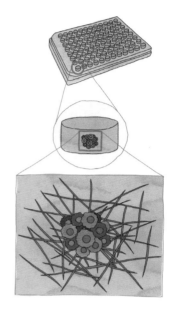

●● 2차원 세포 배양과 3차원 세포 배양

세포에게 바닥을 주지 않는 또 다른 방법은 지지체bioscaffold에 세포를 키우는 것이다. 지지체는 세포 외 기질을 인공적으로 본딴 물질이다. 지지체는 세포가 엉겨 자라는 복잡한 그물처럼 생겼다. 그물의 구멍마다 세포가 자리를 잡고 자란다. 지지체에는 실제로 세포 외 기질을 구성하는 콜라겐이나 히알루론산을 쓰기도 하고, 인공적으로 합성한 고분자물질을 활용하기도 한다. 지지체는 기질을 대신해서 세포를 받치는 그물이 되는 동시에 세포에 영양을 공급하고, 세포가 자라는 데 필요한 신호도 보내주어야 한다.

지지체를 이용하면 배양기 없이도 세포를 3차원으로 키울 수 있다. 영양분이 담긴 지지체에 세포를 넣어 키우는 방식이다. 젤이 굳기 전에 세포와 섞어 살짝 굳히고, 젤이 마르지 않도록 배지를 부은 다음 인큐베이터에서 배양한다. 맨눈으로 보는 3차원 세포 배양 젤은 2차원 세포 배양과 크게 다르지 않다. 배양접시를 흔들어보기 전까지는 접시에 젤이 담겼는지 배지만 담겼는지도 모를 정도이다. 지지체가 복잡한 것도 세포 수준에서나 그렇지 눈으로 보면 걸쭉한 젤일 뿐이다. 액체 배지든 젤 형태의 지지체든 배양접시 안에 있는 건 똑같다.

세포를 3차원으로 배양하면 우리 몸에 더 가까운 세포를 얻는다. 이렇게 만든 세포를 사람 몸에 그대로 쓰는 것도 한 가지 치료법이다. 하지만 몸이 넓게 손상되었다면 조직을 채울 만큼 다양한 세포가 많이 필요하다. 지지체 성분을 세밀하게 조절해 세포의 물리적 자리도 맞춰주어야 한다. 인공 조직만으로 치료가 끝나지 않을 수도 있다. 조직보다 큰 단위는 기관 또는 장기이다. 세상에는 장기 이식이 필요한 환자가 많다. 실험실 조직을 재료로 장기를 만드는 것은 또 다른 차원의 일이다.

몸속 장기는 두 개가 달린 신장을 제외하면 모두 하나뿐이다. 암 같은 질병으로 장기를 잃으면 다른 사람의 장기를 이식하는 방법 말고 치료법이 없다. 그러나 장기를 기증하는 사람은 많지 않고, 외부에서 들여온 장기에 면역 거부 반응이 생기면 환자의 목숨이 위험해진다. 병든 장기의 대안으로 인공 장기도 있다. 인공 장기는 신부전증 환자를 위한 투석기처럼 어떤 장기의 기능만 본딴 거대한 기계도 포함하는 개념이다. 이런 기계 장기는 크기가 커서 들고 다닐 수 없다. 기계 장기를 사용하는 환자는 남은 평생을 병원 침대에 묶여 살아야 한다. 면역 반응을 줄이기 위해 돼지 몸에 사람의 유전자를 넣어 이종 장기를 만드는 방법도 연구 중이나, 여전히 면역 거부 반응을 일으키는 완성되지 않은 치료법이다. 만약 환자의 세포로 완전한 인공 장기를 만들 수만 있다면 기계에 몸을 연결하는 불편함이나 면역 거부 반응 없이 환자를 건강한 상태로 되돌릴 수 있다. 실험실 생명으로 사람을 살리는 것이다.

아직은 꿈 같은 이야기이다. 인공 장기가 환자의 몸에 이식되어 제 기능을 하기 위해서는 실제 장기와 같은 수준으로 크고 정교해야 한다. 장기의 세포는 수만 수천 억 단위이고, 모든 세포가 알맞은 세포로 분화해 필요한 장소에 있어야 제대로 기능한다. 기체 교환이라는 단순한 역할만 하는 폐조차 2,000억 개의 세포가 500억 개의 폐포를 이루는 복잡한 기계다. 폐포를 이루는 세포도 한 종류가 아니다. 더구나 폐포 사이사이에 있는 모세혈관이 폐정맥과 폐동맥 사이를 잇는다. 이렇게 복잡한 구조는 젤에 여러 가지 세포를 섞어 키운다고 재현할 수 있는 게 아니다.

생체 장기라고 하니 미니 장기인 오가노이드가 떠오를 수도 있겠다. 그러나 현시점에서 오가노이드는 손톱보다 작은 실험 도구일 뿐이다. 오가노이드를 활용한 치료 전략이라야 신약이 몸에 잘 듣는지 확인

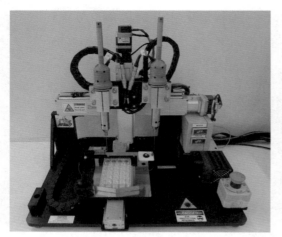

●● 바이오 프린터와 3D 프린터

하는 도구로 쓰는 정도이다. 생명공학자들은 인공 장기의 꿈을 3D 프린터에서 실현하고자 했다. 3D 프린터에 잉크 대신 세포를 넣어 장기를 출력하자는 발상이다. 세포 배양과 3D 프린터가 만나 바이오프린팅 bioprinting이 탄생했다.

바이오프린팅이란 살아 있는 세포를 잉크 삼아 3차원 형태로 출력하는 신기술이다. 작동 원리 자체는 일반 3D 프린터와 다르지 않다. 3D 프린터는 2차원 프린터와 비슷하면서도 다르다. 좌표에 점을 찍어 큰 그림을 만들어낸다는 점은 같지만, 잉크를 인쇄할 종이는 필요 없다. 가장 보편적으로 쓰이는 3D 프린터는 적층식 프린터이다. 육면체 공간 안에 가로·세로·높이 축이 있고, 잉크를 담은 노즐이 축을 따라

이동하며 형태를 만든다. 3D 프린터의 잉크는 플라스틱 필라멘트이다. 플라스틱으로 된 말랑말랑하고 기다란 줄이다. 노즐로 들어간 필라멘트는 노즐 안에서 열을 받아 녹는다. 노즐은 컴퓨터로 입력한 가로세로 좌표에 따라 어느 지점에 도착해 필라멘트를 뽑는다. 원하는 좌표에 필라멘트를 출력한 노즐은 그다음 층으로 올라가 작업을 반복한다. 이런 식으로 반복 작업을 하면 층층이 플라스틱이 쌓이고, 녹았던 플라스틱이 굳으면 원하는 물체가 완성된다.

바이오프린팅은 3D 프린터에 플라스틱 필라멘트 대신 바이오 잉크를 넣는다. 3D 프린터의 바이오 버전인 셈이다. 3D 프린터가 플라스틱 필라멘트를 한 층 한 층 쌓아올려 결과물을 만드는 것처럼 바이오프린팅도 한 층씩 쌓아올려 장기 모양을 만든다. 기본 작동 원리는 같지만 훨씬 어려운 기술이다. 바이오 잉크는 조직 배양에 쓰이는 지지체에 세포를 섞은 물질이다. 3차원 세포 배양에서 쓰였던 물질이 3D 프린터의 잉크 역할도 해야 한다. 노즐 안에 있을 때는 잉크처럼 흐르되 출력된 후에는 곧바로 굳어야 한다. 바이오 잉크의 지지체는 세포를 유지하는 그물을 넘어 단단한 철골이 되어야 하며, 철골은 장기 모양을 만들어야 한다.

3D 프린터의 플라스틱 필라멘트는 녹는점이 높아 노즐을 지나면 바로 굳지만, 바이오 잉크를 굳히는 방법은 좀 더 섬세해야 한다. 노즐에서 나온 잉크가 식으면서 저절로 굳을 수도 있고, 출력된 잉크에 자외선을 쏘여 굳힐 수도 있다. 또한 지지체는 열이나 자외선에 맞서 내

부의 세포를 보호할 수 있어야 한다.

세포는 단단하게 굳은 지지체 속에서 자리를 잡는다. 자리 잡은 세포는 지지체에 있는 양분을 흡수하고 분열하며 수를 늘린다. 세포는 화학물질로 소통하므로 연구자는 세포의 소통을 본딴 화학물질을 지지체에 담아 세포에게 말을 건다. 바이오 잉크의 성분을 위치에 따라 다르게 하면 인공 장기의 각 위치마다 다른 세포를 만들 수 있다. 세포는 자리마다 필요한 조직으로 분화할 것이다. 심장이라면 어떤 세포는 혈관이 되고, 어떤 세포는 심근세포가 되도록 말이다. 신호와 양분을 공급한 지지체는 저절로 분해되어 사라진다. 세포가 빽빽해지면 지지체가 없어지더라도 세포가 스스로 만드는 세포 외 기질로 구조가 짜일 것이다. 인공적인 지지체 성분이 사라지고 세포와 기질만으로 형태가 유지된다면 마침내 생체로만 이루어진 인공 장기가 완성된다.

바이오프린팅은 최첨단 세포 배양과 3D 프린터가 결합한 비장의 기술처럼 들리지만, 이 또한 아직은 이론 수준의 이야기이다. 한 가지 조직으로만 이루어진 단순한 장기면 모를까, 심장이나 간 같은 복잡한 장기는 아기의 몸에도 들어갈 수 없는 작은 크기로만 만들어지고 있고, 구조도 조직을 재현하는 수준에 그친다. 이러한 '모델 장기'로도 할 수 있는 일은 많다. 모델 장기라 하더라도 장기를 이루는 세포 한두 종류보다는 훨씬 몸에 가깝기 때문이다. 환자의 세포로 장기를 만들어 질병을 연구할 수 있고, 아직 출시하지 않은 신약을 테스트하는 데 활용할 수도 있다. 실험실 세포로 병든 몸을 대체하겠다는 꿈은 한 번에 이루어지지 않는다. 그래도 꿈을 향하는 걸음마다 새로운 발견을 찾고, 새로운 치료법이 생겨나기 마련이다.

바이오프린팅이나 오가노이드로 완전한 장기를 만들기는 어렵다. 그렇지만 세상에 완전한 장기만 쓸모 있는 것은 아니다. 실험에 쓰이는 장기는 장기의 모든 것을 재현할 필요가 없다. 오늘날 생명 연구는 현미경 아래에서 이루어진다. 세포 하나에 생긴 돌연변이가 어떻게 장기에서 암덩어리로 크는지, 새로 만든 항암제가 장기에 잘 듣는지 확인하는 데에는 현미경으로 보이는 작은 덩어리만 있어도 충분하다.

그렇다면 실험실 생명이 따라잡지 못한 실제 장기의 특성은 무엇일까? 오가노이드와 몸속 장기의 차이 중 하나는 혈관이다. 우리 몸의 장기에는 구석구석 모세혈관이 파고들어 있다. 모세혈관을 흐르는 피는 장기를 구성하는 세포 하나하나에 산소와 양분을 공급한다. 반면 오가노이드에는 혈관이 없어 덩어리 내부까지 양분이 공급되지 않는다. 오가노이드는 배양액 속 영양분이 오가노이드 겉면에 스며들어 내부로 전달될 수 있을 정도의 크기로만 자랄 수 있다. 오가노이드에 혈관을 심는 일은 말처럼 쉽지 않다. 혈관도 순환계를 구성하는 엄연한 장기이기 때문이다. 완벽한 오가노이드를 만들고 싶다면 혈관 오가노이드를 만들어서 본래 만들던 오가노이드와 합쳐야 한다. 아직까지 완성되지 못한 기술이다.

실험실 생명과 몸 사이의 또 다른 차이는 움직임이다. 실험실 생명이 정적이라면 우리 몸은 항상 움직이고 있다. 위나 장 같은 소화 기관은 음식물 덩어리가 들어오면 잘게 분해해 액체 상태로 바꾼 뒤 다음 장기로 옮긴다. 폐에서는 초마다 새로운 공기가 끊임없이 들어오고 나간다. 심장은 1초에 100번 이상 뛰면서 혈액을 혈관으로 꿀렁꿀렁 보낸다. 반면 실험실 세포는 인큐베이터 안에서 얌전히 있을 뿐이다. 어떤 오가노이드는 휘몰아치는 배양액 소용돌이 속에서 자라지만, 이런 흐름은 몸에 있는 어떤 물리적인 운동과도 닮지 않았다.

누군가는 몸의 발생 과정을 본떠 오가노이드를 만들고, 누군가는 몸의 크기를 재현하고자 3D 바이오 프린터를 도입할 때, 어떤 연구자들은 몸의 움직임을 실험실에서 재현해보려 했다. 그들이 만든 장기칩 Organ On a Chip, OOC은 가운데에 홈이 파인 투명한 실리콘 칩이다. 겉으로 보아서는 실제 장기와 전혀 닮지 않았지만, 현미경에서 보이는 칩 속 세포는 실제 장기와 비슷한 특성을 나타낸다.

장기칩은 세포 배양 기술에 미세 유체역학을 접목한 기술이다. 장기를 구성하는 세포를 아주 얇은 통로에 3차원으로 배양한다. 통로 양쪽에는 진공 상태의 공간을 만든다. 통로 양쪽 진공의 부피를 줄이거나 늘리는 방식으로 사이의 세포를 잡아당기거나 밀어낼 수 있다. 안마 의자의 다리 쿠션에 공기가 들어와 종아리를 마사지하는 원리와 비슷하다. 소장에 음식물이 들어올 때나 혈관에 혈액이 흐를 때 세포가 받는 물리적인 힘을 유체역학 기술로 재현하는 것이다.

플라스틱 칩 위에 장기를 얹어서 장기칩이라는 이름이 붙었지만, 장기칩은 세포의 특성을 만드는 데 불필요한 부분은 재현하지 않는다.

사람 몸의 장기가 아무리 복잡하다 해도 세포 두 층이 맞닿은 단순한 장기칩만으로 장기의 어떤 부분을 재현할 수 있다. 창자 장기칩이라면 2층 통로의 위층 바닥에는 창자를 구성하는 세포와 미생물을 섞어 배양하고, 아래층 천장에는 혈관 내피세포를 배양한다. 통로 위아래에 서로 다른 배양액을 다른 속도로 흘려보내 각각 소화액과 혈액 역할을 하도록 한다. 폐 장기칩이라면 위층 바닥에 폐포세포를 깔고, 아래층 천장에 혈관 내피세포를 배양한 후 위층에는 공기만 보내고, 아래층에는 배양액을 흘려보낸다. 나머지 장기도 비슷한 원리로 만들 수 있으며, 여러 장기칩을 결합해 하나의 칩에 폐와 간과 심장이 올라온 다중 장기칩을 만들 수도 있다.

단순하게 설명했지만, 최대한 실제 장기와 비슷해지도록 디자인하는 것이 장기칩의 관건이다. 완성된 장기칩이 실제 장기처럼 반응하는지도 확인해야 한다. 다행히 장기칩 연구는 나날이 발전하며 동물실험을 대체하고 있다. 장기칩을 여러 개 만들어서 사람 배 속의 빈 자리에 놓는다고 실제 장기가 하던 기능을 대신하지는 않을 것이다. 그렇지만 신약 개발 과정에서 희생당하는 동물들을 구하고, 동물실험보다 더 정확한 결과를 바탕으로 안전한 약을 시장에 내놓는 것만으로도 장기칩의 가치는 충분하다.

생명과학 실험실의 3D 프린터

바이오 잉크를 쓰지 않더라도 3D 프린터는 생명과학 연구실에서 쓸모가 크다. 연구는 무에서 유를 창조하는 일이다. 경우에 따라서는 세상에 존재하지 않던 기구가 필요하다. 시중의 실험 도구가 연구에 맞지 않는 일은 비일비재하다. 3D 프린터는 연구자의 머릿속에만 상상하던 도구를 가장 빠르게 재현한다.

2016년 지카바이러스 연구에 쓰인 오가노이드 대량생산기가 그렇다. 오가노이드를 재료로 질병 연구를 하려면 실험 하나에만 오가노이드 수십여 개가 필요한데, 시중에 존재하는 배양기로는 오가노이드를 한 번에 많이 만들 수 없었다. 존스홉킨스대학교의 중국계 미국인 홍전 송과 구오리 밍 연구진은 3D 프린터를 이용해 뇌 오가노이드를 대량으로 만드는 배양기를 만들었다.

연구진은 사람의 뇌 오가노이드를 모델로 지카바이러스가 머리가 지나치게 작은 소두증을 일으키는지 확인하기로 했다. 연구 주제를 확인하기 위해서는 발생 중인 뇌에 바이러스를 감염시키고 관찰해야 한다. 태아로 직접 실험하는 건 불가능하다. 그래서 뇌 오가노이드에 바이러스를 감염시킨 후 오가노이드가 작아지는지 관찰하려 했지만, 연구에 필요한 오가노이드 크기에 비해 시중 배양기는 너무 컸다. 오가노이드 하나를 배양하는 데 많은 배지도 필요했다.

연구진은 3D 프린터를 이용해 작은 오가노이드를 대량생산하는 배양기를 직접 만들었다. 덕분에 연구진은 수십 개의 오가노이드에 지카바이러스를 접종해가며 지카바이러스가 소두증을 일으킨다는 사실을 확인했다.

실험실 생명의 시식 행사

배양육의 원리와 전망

　실험실 생명은 어디까지 몸을 재현할까? 복잡한 장기를 만드는 일은 아득히 멀지만, 조직을 만드는 정도는 지금도 할 수 있다. 일례로 근육의 주성분은 근섬유이다. 근섬유는 세포 여러 개가 끈 형태로 합쳐진 특이한 세포이다. 근섬유가 되기 전 단계인 근아세포myoblast를 길쭉하게 홈이 난 지지체에서 키우면, 시간이 지나며 근아세포가 합쳐져 기다란 근섬유로 성장한다. 근섬유는 모여서 근육 다발을 만들고, 근육 다발이 뭉쳐 근육이 된다. 실험실 근섬유도 근육과 비슷한 구조로 자란다.

　실험실 근육을 만들었다고 하자. 어디에 쓸까? 아침 운동과 저녁

운동 중 무엇이 효과가 더 좋을지 연구하는 스포츠 생리학부터 근육 위축증 환자를 위한 근육 조직을 만드는 것까지 연구 주제는 무궁무진하다. 그러나 실험실 근육은 실험실을 나가는 순간 전혀 다른 대우를 받는다. 실험실 근육을 가장 기대하는 이는 운동 선수도 환자도 아닌 식품업계이다. 우리가 먹는 고기는 대부분 근육 조직이다. 근섬유를 배양하면 진짜 고기와 동일한 성분의 인공 고기를 만들 수 있다. 고기의 맛과 향을 그대로 가진 배양육은 축사에 갇힌 수많은 동물을 구하고, 공장식 축산에서 나오는 메탄가스를 줄여줄지도 모른다.

배양육cultured meat은 세포를 배양해서 만드는 육류이다. 세포와 조직을 배양하는 방법을 기억한다면 고기가 어떻게 배양되는지는 쉬운 이야기다. 준비물은 가축의 세포이다. 동물의 살덩이에서 세포를 얻어 일차 배양을 한다. 어떤 고기를 만들지, 어떻게 만들지에 따라 채취하는 세포의 종류도 달라진다. 식감과 맛이 다양한 부위를 원한다면 줄기세포를 채취해야 한다. 고기에는 근섬유뿐 아니라 산소와 양분을 전달하는 모세혈관, 에너지를 저장하는 지방 조직, 근육을 뼈에 고정하는 힘줄까지 들어 있다. 진짜 고기만큼 다양한 조직을 만들기 위해서는 여러 가지 세포로 분화하는 줄기세포가 필요하다. 다짐육으로 충분하다면 근아세포를 집중적으로 골라낸다. 근아세포는 근섬유를 만드는 씨앗이지만 지방세포로도 분화한다. 살과 비계만 있어도 그럴듯한 고기 맛이 난다.

이렇게 떼낸 동물 세포를 실험실이나 공장에서 배양한다. 세포는

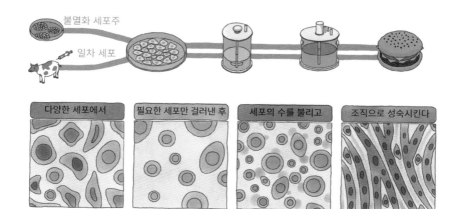

다양한 세포에서   필요한 세포만 걸러낸 후   세포의 수를 불리고   조직으로 성숙시킨다

●● 배양육 생산 과정

이상적인 환경에서 기하급수적으로 분열한다. 세포가 충분히 많아지면 배지의 성분을 바꾼다. 세포는 배지에 함유된 호르몬이나 빠른 성장을 돕는 성장인자에서 화학 신호를 받아 근육과 지방으로 분화한다. 분화한 세포를 지지체에 심고 3차원으로 배양하면 고기의 맛과 질감이 나는 조직이 만들어진다.

배양육 산업은 축산업에 비해 남는 장사일 것 같다. 배양육은 오롯이 고기가 되기 위해 만들어지는 생명이다. 동물한테 사료를 많이 먹여도 먹인 만큼 살이 되진 않는다. 소 한 마리를 잡아도 살코기는 40퍼센트밖에 나오지 않는다. 돼지는 54퍼센트, 효율이 좋은 닭도 72퍼센트 정도이다. 동물에는 뼈나 가죽처럼 먹을 수 없는 부위가 많고, 생명은 살아가는 자체로 에너지를 사용한다. 배양육은 근육과 지방, 결합

조직만 있으면 된다. 발굽이나 뇌를 만드느라 낭비하는 자원이 없다. 배지에 들어 있는 영양분도 세포가 살아가는 최소한의 신진대사를 제외하면 세포의 수를 불리고 성숙시키는 데만 쓰인다.

배양육은 전통 축산보다 공간 효율 면에서도 앞선다. 동물 한 마리를 키우는 데는 일정 이상의 면적이 필요하다. 한우 농가를 예로 들면, 2023년 기준 농가에서는 소 한 마리당 63제곱미터의 토지를 사용한다. 20평짜리 투룸 아파트에 해당하는 공간이다. 배양육은 돌아다니지 않는다. 이상적인 공정 환경을 가정할 때, 2만리터 규모의 배양기에서 1~2톤의 배양육을 만들 수 있다. 살코기로만 따지면 소 3~6마리에 해당하는 무게다. 2만리터 배양기의 크기는 지름 2미터, 높이 6미터이다. 목장의 1퍼센트 공간으로 같은 양의 고기를 만드는 셈이다.

장점을 하나 더 꼽자면, 배양육은 가축 질환에서 자유롭다. 구제역이나 조류독감 같은 전염병이 돌 때마다 전염을 막기 위해 수십에서 수천 마리의 건강한 동물이 살처분당한다. 배양육 공장은 외부와 철저히 격리되어 있다. 멧돼지가 공장을 찾아와 아프리카돼지열병을 퍼트리지는 않을 것이다. 설령 오염이 일어나더라도 이웃한 다른 공장으로 오염이 옮겨가는 일도 없다. 오염이 일어난 배양기를 비우고 소독하는 조치 정도로 끝날 것이다.

배양육 생산 공정은 바이오 의약품 제조 공정과 비슷하다. 둘 다 세포를 이용한 산업이기에 배양기를 쓰고, 들어가는 기술도 비슷하다. 그러나 배양육과 바이오 의약품은 근본적으로 다르다. 바이오 의약품 시장에는 바이오 의약품밖에 없다. 경쟁 제품이라야 다른 회사가 만든 복제약 정도이다. 경쟁이라도 산업계 내부의 경쟁이다. 배양육은 반드시 넘어야 할 상대가 있다. 동물의 몸에서 나온 고기다. 배양육은 전통 축산을 이기지 못하면 살아남을 수 없다.

축산에 비해 장점이 많은 듯한 배양육 시장이 도무지 커지지 않는 이유는 경제성이다. 세포 배양 시설은 축사보다 유지 비용이 많이 든다. 배양육이 질환에서 자유로운 이유는 철저하게 관리하는 시설에서 제조하기 때문이다. 깨끗한 고기를 만들기 위해 배양기에는 먼지 하나도 들어가서는 안 된다. 모든 장비는 멸균 과정을 거치고, 직원들도 방진복을 입고 일해야 한다. 이에 비하면 축사의 동물들은 자유롭다. 배양기 속에서 도는 세포는 대장균 한 개에도 오염되지만, 동물은 자기 배설물에서 뒹굴어도 고기에 냄새가 배지 않는다.

실험실에서 하는 일은 말 그대로 실험 수준이고, 공장에서 고기를 대량생산하는 것은 다른 문제이다. 실험실에서 생산하던 배양육을 공장급으로 확장할 수 있다면 0.5그램 조직을 억 배로 불려 1톤의 배양육을 만들 수 있다. 이렇게 생산 공정 규모를 확대하는 스케일 업을 할 경우 공정 전체가 최적화되어야 수지가 맞다. 배지의 가격을 낮추고, 같은 부피의 배지에 최대한 많은 세포를 키워야 한다. 배지의 영양분이 충분하면 세포 수가 늘어나지만, 세포가 서로 부딪힐 만큼 빽빽하거나 세포가 배출하는 노폐물이 이웃 세포에 영향을 주어서는 안 된다.

배양육은 제품이다. 소비자의 욕구를 만족시켜야 한다. 소비자의 눈치를 보는 이상 배지에 동물 유래 성분을 넣을 수 없다. 바이오 의약품 시장에서 세포 배지에 혈청을 넣지 않는 이유와 같다. 배양육도 사람 몸에 들어가는 것이니 비슷한 수준의 규제가 있겠지만, 추가로 동물 복지의 논리가 들어간다. 배양육 소비자는 동물을 죽이기 싫어 배양육을 선택한 사람들이다. 이들 입장에서 소의 혈청으로 키운 배양육은 소를 잡아 얻은 고기와 다를 것이 없다. 배양육을 깨끗한 고기clean meat라고도 한다. 의약품 공장만큼이나 위생적으로 생산되므로 깨끗한 동시에 동물의 희생을 줄였기에 이런 별명이 붙었다.

배양육에서 비용이 제일 많이 들어가는 부분이 배지이다. 배지에는 포도당이나 아미노산 말고도 비타민을 비롯한 무기염류, 삼투압이나 산염기처럼 배지의 상태를 유지하는 완충제가 들어간다. 배양 중인 세포를 원하는 세포로 분화하기 위해서는 호르몬이나 성장인자를 넣어주어야 하는데, 혈청 같은 동물성 원료를 사용할 수 없으니 재조합 단백질을 사용한다. 모든 재료에는 불순물이 들어가서는 안 되며, 재료를 녹이는 물도 수돗물이 아니라 증류수를 써야 한다. 공정에 들어가는 모든 단계가 곧 비용이니, 비용을 아끼기 위해 배양이 끝난 배지를 재활용해야 할 정도이다.

배지의 경쟁 상대는 사료이다. 사료의 주성분은 볏짚이나 콩 껍질, 깻묵이다. 동물성 단백질을 보충해주기 위해 물고기를 말리고 갈아낸 어분을 쓰기도 하고, 음식물 쓰레기를 활용하기도 한다. 배지에 들어가는 비용에 비하면 거저나 다름없다.

전통 축산을 비판하는 내용 중에 소가 내뿜는 메탄가스가 지구온난화를 가속화한다는 주장이 많다. 그런데 에너지 소비량을 비교하면 전통 축산보다 배양육 공장이 더 많은 에너지를 쓴다. 그나마 배양육 공장에서 재생에너지로 만든 전기를 사용한다면 적어도 탄소 배출량은 줄어들 것이다.

세포 배양에 드는 막대한 비용에도 불구하고 배양육의 가격은 낮아지고 있다. 그럼에도 전통 축산에 비해서는 여전히 비싸다. 2013년 최초로 만든 배양육 햄버거 패티는 킬로그램당 32억 원이었다. 최초로 배양육 대량생산 공장을 세운 이스라엘의 빌리버 미츠의 배양 닭가슴살은 2019년 기준 킬로그램당 50만 원 선이었다. 연구자들은 배지에 들어가는 성장 호르몬의 비용을 줄이면 배양육 가격을 킬로그램당 18만 원 선까지 내릴 수 있다고 본다. 추석용 선물 세트로 팔리는 부위별 한우 세트가 1킬로그램에 15만 원이다. 햄버거와 비교하면 배양육 버거가 일반 버거보다 4,500원 더 비싼 셈이다. 한우로 햄버거를 만들지는 않을 테니 가격차는 만 원 가까이 난다. 지금의 기술 수준으로는 배양육의 가격이 연구자들이 희망하는 수준으로 떨어지더라도, 소비자가 패스트푸드점에서 햄버거를 사 먹듯이 선뜻 구매할 가격까지 저렴해지지는 않을 것이다.

식감을 만드는 배양 기술도 더 발전해야 한다. 결이 살아 있는 고기를 만들려면 조직 두께가 최소한 1센티미터는 되어야 한다. 지금의

3차원 조직 배양 기술로는 이만큼 두꺼운 근육 조직을 만들 수 없다. 오가노이드에 혈관을 다는 것이 어렵듯, 배양육에 모세혈관을 추가하는 기술도 나오지 않았기 때문이다. 조직의 안쪽까지 산소와 양분을 전달할 방법이 없다. 지금으로서는 얇게 만든 근육과 지방 조직을 섞어 다짐육을 만들거나 얇은 포를 만드는 것만 가능하다. 언젠가 혈관 형성 기술이 완성된다면 실험실에서도 피가 흐르는 근육 조직을 만들 수 있을 것이다. 그렇게 만들어진 배양육 스테이크는 배양육 햄버거 패티보다 가격 경쟁력도 있고, 맛이나 식감도 나을 터이다.

실험실 고기가 몸에서 나온 고기를 이길 수 있을까? 기술이 발전한다면 배양육은 '동물을 죽이지 않고 먹을 수 있는 고기'로서 전통 축산을 대체할지도 모른다. 그러나 산업은 연구자의 호기심에서 이루어지는 것이 아니라 시장의 수지에 맞아야 유지된다. 기술이 발전하기 위해서는 투자를 받아야 한다. 배양육이 전통 축산은 물론이고 다른 대체육 시장과 비교해 투자를 받을 가치가 있는지는 회의적이다. 개인적인 생각으로는 세상을 구하려면 스테이크를 만들기 위한 혈관 형성을 연구하는 것보다 밀웜을 잘 파는 마케팅이 먼저다. 밀웜을 기르고 파는 데는 목장만큼 넓은 공간도, 세포 배양만큼 비싼 기술도 들지 않는다.

5장

실험실 안팎의 생명

이 연구를
*Mus musculus*에게 바칩니다

생명과학 연구에 생쥐가 필요한 이유

몸을 벗어난 생명은 아니지만, 생물학 실험실에서 빼놓을 수 없는 실험이 있다. 동물을 이용한 연구, 즉 *in vivo* 연구이다. 생명 활동에 반드시 필요한 유전자는 종을 뛰어넘어 단순한 생명에서부터 보존되어 있다. 이런 유전자가 몸에 어떤 역할을 하는지 알고 싶을 때는 꼭 포유류의 세포를 사용하지 않아도 된다. 조그마한 초파리나 눈으로는 잘 보이지 않는 에쁜꼬마선충이 연구 목적에 더 맞을 수 있다. 반면 사람만큼 복잡한 몸에 대한 연구에서는 원숭이나 족제비 같은 커다란 포유류를 사용하기도 한다. 하지만 오늘날 사람을 대신해 실험에 가장 많이 쓰이는 동물은 손가락 두 마디만 한 생쥐이다.

조직이나 기관 단위의 *in vitro* 연구가 가능한 시대이다. 그럼에도 아직은 동물을 활용한 *in vivo* 연구가 필요하다. 동물실험이 필요한 단적인 예가 신약 개발이다. 제약은 고위험·고보상 산업이다. 기초 연구 단계에서 1만여 개의 신약 후보를 만들어도 전임상시험 단계를 지나면 50개로 줄어든다. 전임상시험이란 임상에 들어가기 전 단계의 실험으로, 동물을 대상으로 약의 효능을 검증하는 절차를 말한다. *in vitro*에서 효능을 보인 9,950개의 물질이 동물실험 단계에서 탈락한다. 기대한 효능이 나오지 않거나 너무 위험하다고 판명되기 때문이다.

어떤 데이터는 동물실험에서만 나온다. 간 질환 치료제를 개발 중이라고 하자. *in vitro* 검증 실험은 잘 되었다. 배양접시에 간 세포주를 키우거나 간 오가노이드를 만들어서 연구자가 개발한 약물이 간 질환을 치료하는 것을 확인했다는 의미이다. 그러나 실전에서는 약을 간에 직접 놓지 못한다. 입으로 먹어서 소화계를 지나거나 주삿바늘에서 나와 다른 조직을 거쳐야만 간에 다다른다. 약물이 최종적으로 다다라야 할 기관을 '표적 기관'이라고 한다. *in vitro* 실험만으로는 환자에게 어떤 방식으로 얼마나 많이 약물을 투여해야 표적 기관에서 효능을 보일지 알 수 없다.

이처럼 치료제의 효능과 위험성을 확실히 알 수 없을 때 동물실험을 한다. 생쥐에게 약을 먹인 다음 간에 약이 몇 시간 만에 얼마만큼 운반되는지 확인하는 것이다. 실험 결과를 사람에 맞춰 역산하면 사람을 대상으로 효능이 나타나는 약물의 양을 예상할 수 있다. 이뿐 아니라 약물이 실제 간에서 잘 작용하는지, 다른 기관에 부작용을 일으키지는 않는지도 동물실험에서 확인한다. 이제는 동물실험을 대신할 장기칩도 점점 인정받는 추세이지만, 아직 대부분의 제약회사는 동물에서 실험 결과 데이터를 확인한 다음에야 사람을 대상으로 임상시험에 들어간다.

전임상시험에 필요한 지식은 약동학pharmacokinetics과 약역학pharmacodynamics이다. 약동학은 몸이 약물에 미치는 작용을 확인하는 학문이다. 몸에 들어간 약은 네 가지 양상을 보인다. 몸에 '흡수'되고 몸 곳곳에 '분포'하다가 '대사'되어 몸 밖으로 '배설'된다. 약에는 다리나 프로펠러가 없으므로 이 모든 과정은 약이 스스로 움직이는 것이 아니라 몸에 의해 일어난다. 약역학은 약물이 몸에 미치는 영향을 연구하는 분야이다. 약이 표적 기관에서 작용해 나타나는 효과나 다른 장기에 가서 일으키는 부작용은 약역학의 영역이다.

결국 전임상시험이 필요한 이유는 *in vitro*에서 얻은 결과가 *in vivo*에서 똑같이 나온다는 보장이 없기 때문이다. 신약 개발뿐만 아니라 새로운 생명 현상을 찾는 연구에서도 *in vivo* 결과는 중요하다. 실험실 세포에서 발견한 현상이 보편적인 생명 현상임을 입증하기 위해서는 *in vivo* 실험으로 근거를 강화해야 한다. 다행히도 *in vivo* 실험 환경을 유지하는 것은 *in vitro*보다 쉽다. 몸은 몸 자체로 완벽한 덕분이다.

몸을 벗어난 생명을 키워내는 다양한 방법을 소개했지만, 모든 *in vitro* 실험에는 공통점이 있다. 몸을 대신할 환경을 만들기 어렵다는 점

●● 실험실에서 사용되는 생쥐

이다. 세포를 키우는 데에는 장비도 많이 필요하고, 배지도 아낌없이 써야 한다. 세포는 최적의 조건을 맞춘 인큐베이터 안에서만 생존할 수 있으며, 무균 공간에서 제조된 배지를 먹고 살아간다. 이렇게 만든 환경에서도 오염이 일어난다. 오염이 일어나면 다시 실험해야 한다.

반면 실험실 생쥐를 키울 때는 세포를 배양할 때만큼 오염을 걱정하지 않아도 된다. 생쥐의 세포는 깔짚에 섞인 배설물 따위로 망가지지 않는다. 생각해보면 신기한 일이다. 대장균 한 개로도 세포 배양 실험실 전체를 무너트릴 수 있는데, 몸속 세포는 웬만한 세균에도 거뜬하다. 몸에 있는 세포 하나하나가 면역계의 보호를 받는 덕분이다. 아무리 작은 생쥐라도 온전한 면역계가 있다. 생쥐의 질긴 피부는 깔짚에 가득한 세균으로부터 몸을 보호하며, 생쥐의 몸에 생채기가 좀 나도 면역세포들이 침입한 병균을 물리친다.

면역계만이 아니다. 생쥐의 몸은 그 자체로 완벽하다. 세포를 배양할 때는 적어도 사흘에 한 번은 배지를 갈아주어야 한다. 반면 생쥐에게 먹일 사료는 새것일 필요도 없고, 영양분에 오차가 있어도 괜찮다. 생쥐의 소화계는 알아서 사료를 부수고 흡수한다. 생쥐의 순환계도 세포에 필요한 양분과 산소를 때맞춰 공급한다. 생쥐의 신경계는 우리가 모르는 신경 기작(생리적 작용을 일으키는 기본 원리)으로 영양분 섭취 시간을 맞추고 위생을 책임진다. 생쥐는 먹고 싶을 때 사료를 먹고, 몸이 더럽다 싶으면 그루밍을 하며, 배설하고 싶을 때는 우리 구석에 가서 일을 본다.

지금까지 말한 내용은 생쥐뿐 아니라 동물이라면 당연한 일이다. 그런데도 생명과학은 왜 하필 생쥐를 모델 동물로 골랐을까? 무엇보다 생쥐는 다른 포유동물보다 다루기 쉽다. 생쥐의 긴 꼬리는 연구자에게 손잡이다. 강아지를 옮길 때 꼬리를 잡으면 끔찍한 모습을 보겠지만, 생쥐는 몸이 가벼워서 우리에서 실험대 정도까지의 짧은 거리는 꼬리를 잡고 가볍게 옮길 수 있다. 또한 생쥐는 태어난 지 3주만 지나도 성체가 되고, 임신 기간도 3주밖에 되지 않는다. 세대가 짧아 실험을 빨리 할 수 있고, 새끼를 많이 낳아 수를 불리기도 좋다.

플랫폼 측면에서도 생쥐를 선택할 수밖에 없다. 모든 사람이 연구에 생쥐를 쓰면 혼자 다른 동물을 쓰기 어렵다. 시중에 나오는 시약도 생쥐에 제일 잘 들고, 실험 방법이나 장비도 대부분 생쥐를 기준으로 나온다. 생쥐용 수술대, 생쥐가 돌아다니는 실험용 미로도 다른 실험동물보다 구하기 쉽다.

유전자의 기능을 연구할 때는 연구 대상인 유전자를 처치한 유전자 조작 동물이 많이 쓰인다. 유전자 조작 동물도 거의 생쥐이다. 유전자 조작 생쥐를 전문적으로 키워 공급하는 생쥐 연구소도 있다.

생쥐의 유전체는 2002년에 해독되었다. 인간 게놈 프로젝트가 끝난 지 1년 만이었다. 이렇다 보니 특별한 이유가 없는 이상 동물실험에는 생쥐를 사용하게 된다.

*in vitro*와 *in vivo*는 실험을 하는 방법도 실험체를 유지하는 방법도 다르다. 기본적으로 생쥐는 세포보다 공간이 많이 필요하다. 동물실험동을 따로 두는 연구소도 있고, 연구실 한 편에서 직접 생쥐를 키우며 실험하기도 한다. 연구실에서는 깔짚 당번이나 사료 당번을 정해놓고 생쥐를 관리한다. *in vivo*가 오염에 강하다고 했지만 모든 연구가 그렇지는 않다. 어떤 연구에서는 균에 노출되지 않은 '무균 생쥐'를 사용한다. 이런 연구에서는 세포 실험보다 더 철저하게 오염을 통제한다. 생쥐 면역계의 도움을 받을 수 없기 때문이다. 이런 실험은 동물실에 들어가 실험한다. 동물실에 들어가기 전에 샤워는 기본이고, 머리부터 발끝까지 덮는 방진복을 입고, 고글에 마스크까지 써야 한다. 이 모든 절차와 장비는 연구자를 보호하기 위해서라기보다 연구자로부터 생쥐를 보호하기 위해 존재한다. 연구자는 동물실에 들어가 혈액 등 실험에 필요한 시료만 반출해 연구실로 가져오기도 하고, 방진복을 입은 채 동

물실에 구비된 실험대에서 실험을 진행하기도 한다.

무균 생쥐가 면역학 연구에 주로 쓰이는 반면, 생물학 실험실에서 두루두루 쓰이는 생쥐는 유전자 변형 생쥐이다. 유전자 변형 생쥐로 실험할 때는 제일 먼저 내 앞의 생쥐가 진짜 유전자 변형 생쥐인지를 확인해야 한다. 같은 부모 아래에서 태어난 형제자매라도 다 다르게 생겼듯, 유전자 변형된 부모 생쥐 아래에서도 그렇지 않은 생쥐가 태어나기도 하기 때문이다. 꼬리를 조금 잘라 녹여서 생쥐 유전체가 담긴 액체를 얻는다. 이를 이용해 조작한 유전자가 생쥐 유전체에 있는지 확인한다. 그 뒤 이루어지는 실험은 연구 목적에 따라 다양하다.

신경과학이나 몸의 생리를 연구하는 실험실에서는 생쥐로 행동 실험을 수행한다. 유전자가 조작되지 않은 야생형wild type 생쥐도 많이 쓰고, 특정 유전자의 생리적 기능을 알아내기 위해 유전자 조작 생쥐를 사용하기도 한다. 행동 실험은 연구자가 가한 처치가 동물의 행동에서 어떻게 나타나는지 확인하는 실험이다. 몸속에서 일어나는 생명 현상을 모두 추적할 수 없으니 행동으로 나타나는 최종 현상만 확인하는 실험이다. 관절염이 걸린 쥐에 약물을 주사한 후 생쥐용 트레드밀을 걷게 하거나, 생쥐의 공간 기억력을 테스트하기 위해 불투명한 액체에 빠트린 후 보이지 않는 섬까지 헤엄치는 시간을 재는 방법 등이 있다.

발도 닿지 않을 거대한 욕조에 생쥐를 빠트리는 것도 충분히 잔인하지만, 행동 실험이 아닌 글로 묘사하기도 싫을 만큼 잔인한 실험도 많다. 동물실험이 싫어 *in vitro* 연구만 하는 연구자를 본 적도 있고, 아이가 태어난 후 생쥐를 희생시킨 손으로 아이를 만지고 싶지 않아 연구를 그만둔 연구자도 보았다.

동물실험을 하는 연구자가 동정심을 느끼지 못하는 냉혈한은 아니다. 오히려 연구자는 실험 데이터에 어떤 희생이 있는지 누구보다 잘 아는 사람이다. 연구자 대부분은 동물에게 최소한의 고통만 주려고 노력한다. 한두 해에 한 번은 실험동물 위령제를 지내며 실험에 쓰인 동물에게 사과한다. 그럼에도 연구 스트레스 속에서 같은 실험을 반복하다 보면 마음이 무뎌지기 마련이다. 이런 문제는 연구자 개인의 양심에 맡겨서는 안 되고, 시스템으로 규제해야 한다. 모든 학교와 연구소에는 실험윤리위원회가 있다. 이들은 동물실험을 최소화하도록 규제하고, 동물에게 심각한 고통을 주는 연구를 금지하기도 한다.

해외 학회에 참석했던 선배가 머그컵 기념품을 사 온 적이 있다. 머그컵에는 생쥐 한 마리와 생쥐의 학명인 *Mus musculus*가 적혀 있었다. 선배는 자기 논문에 제일 기여한 것은 *Mus musculus*라며, 논문에 자기 이름보다 앞에 *Mus musculus*를 넣고 싶다고 했다. 연구자에게 논문이란 삶을 바쳐 만든 작품이자 다른 연구자와 소통하는 가장 진실한 수단이다. 논문 맨 앞에 이름이 쓰인 사람은 연구 아이디어를 떠올렸고, 직접 실험했고, 밤을 새우며 논문을 쓴 '주저자'이다. 그런 자리를 생쥐에게 넘겨주고 싶다고 했다. 누구보다 연구를 사랑하는 선배가 실험에 희생된 생쥐를 추도하는 표현이었다.

사람이 먼저다?
사람은 마지막이다

사람을 대상으로 이루어지는 연구

지금까지 생명을 몸에서 꺼내는 방법을 소개했다. 몸 그대로의 생명인 실험동물에 대해서도 이야기했다. 이러한 연구에는 한 가지 공통점이 있다. 사람 연구의 대안이라는 점이다. 실험에 사람을 쓸 수 없어 실험실에서 수를 불린 세포를 쓰고 생쥐를 이용한다. 생명과학 연구를 하는 주목적은 '사람'의 생명 현상을 밝히는 것이다. 물론 사람에게서 일어나지 않는 생명 현상도 중요한 연구 주제이지만, 어떤 생명 현상이 사람에서도 보인다면 발견의 가치는 올라가기 마련이다.

사람에 대한 질문은 사람을 쓰면 순식간에 해결된다. 사람을 연구하는데, 사람 몸에서 일어나는 현상만큼 명백한 증거는 없다. 배리 마설은 2005년 노벨 생리의학상을 받은 오스트레일리아의 생리학자다. 우리나라에서는 모 요구르트 광고로 유명한 분이다. 그는 1984년 헬리코박터 파일로리균이 위산에서 살아남아 위에 염증을 일으킨다고 주장했다. 당시 마셜은 자신의 가설을 입증하기 위해 돼지의 위에 세균을 배양하려 했지만 실패하고 말았다. 동물실험을 실패한 마셜은 헬리코박터 파일로리균을 직접 마시고 위궤양에 걸림으로써 자신의 가설을 입증했다.

마셜의 연구는 1980년대 이야기이다. 이제는 설령 연구자가 자기 몸을 이용하겠다고 해도 연구소 윤리위원회의 승인을 받기 어려워졌다. 오늘날 사람을 연구하는 방법은 크게 셋으로 나뉜다. 먼저 '사람의 몸이었던 것'을 사용하는 연구가 있다. 생명이 몸에서 벗어난 후라면 실험실에서 다루기도 한결 자유롭다. 다음으로 사람의 몸에 영향을 주지만 반드시 해야 하는 연구가 있다. 이런 연구는 국제적인 안전 기준 내에서 엄격히 시행한다. 마지막으로 사람을 상대로 실험하지만, 몸에 거의 영향을 주지 않는 연구도 있다. 윤리위원회 같은 제3자가 보기에도 안전한 연구라면 실험 참여자를 모아서 진행하면 된다.

사람의 몸에서 생명을 꺼내는 연구를 '인체 유래물 연구'라고 한다. 무시무시하게 들릴 수도 있겠지만, 누구든 살다 보면 몸의 일부를 병원에 두고 오게 된다. 대장 내시경을 하다가 용종이 발견되어 그 자리에서 제거하거나 미용상의 이유로 지방 흡입술을 받을 수도 있다. 혈액 검사에 쓰이는 혈액 1밀리리터에도 수천 개의 백혈구가 있다. 연구자들은 병원에 남겨진 인체 유래물에 눈독을 들인다. 버리기에는 너무 아까운 재료다. 이것을 연구에 쓴다고 해서 환자가 고통받을 일도 없기 때문이다. 자신이 죽고 난 뒤 연구를 위해 몸을 통째로 기증하겠다는 환자도 있다. 연구자 입장에서 너무나 감사한 분들이다.

환자의 동의를 받은 조직은 인체유래물은행에 보관되다가 필요한 연구에 쓰인다. 사람의 조직으로 하는 *in vitro* 연구이다. 실제 암 환자의 종양을 떼어다 유전 정보를 분석하면 어떤 돌연변이가 암을 만들었는지 알아낼 수 있다. 연구를 오래 하고 싶다면 조직을 일차 배양해서 세포주를 만들 수도 있다. 유전자 돌연변이가 다른 장기에서는 어떤 영향을 주었는지 궁금하다면 유도만능줄기세포로 역분화시켜 다른 종류의 세포로 바꾸어 관찰한다.

인체 유래물 연구는 몸이었던 것을 이용한 연구다. 문제가 생기더라도 인체 실험이 잘못되었을 때 생겨날 재앙보다는 사소하게 끝난다. 그러나 환자가 고통을 느끼지 않는다고 해서 아무 문제가 없는 것은 아니다. 병원에 두고 온 내 지방 조직이 모르는 의사의 논문 주제가 되었다면? 불멸화 세포주가 되어 온 세계에 대를 이어 퍼지고 있다면? 신약 재료가 되어 나와 전혀 상관없는 회사가 수십억 원의 돈을 벌었다면?

앞서 소개한 헬라세포가 그랬다. 헬라세포는 헨리에타 랙스의 몸에서 나온 암세포였지만, 랙스가 죽은 후에도 분열을 계속하며 반세기 넘게 생명과학을 이끌었다. 헬라세포에서 나온 생명과학 지식을 토대로 연구자들이 떼돈을 버는 동안 랙스의 가족은 가난하게 살았다. 오늘날 인체 유래물을 이용한 연구는 연구소 윤리위원회에서 심의를 받은 뒤 기증자의 동의를 받은 다음에만 이루어진다. 그러나 인체 유래물 연구로 얻은 지식재산권은 연구자의 것이다. 환자는 여전히 어떤 권리도 주장할 수 없다.

사람에게 해야만 하는 연구에는 임상시험이 있다. 임상은 사람을 치료하는 모든 방법을 통틀어 이르는 용어이지만, 여기서는 신약 개발의 마지막 단계만 설명하겠다. 생명과학 연구의 중요한 목적은 사람의 질병을 치료하는 것이다. 그러나 전임상시험만으로는 약물의 효능과 부작용을 전부 파악할 수 없다. *in vitro*와 *in vivo* 사이의 거리는 멀지만, 같은 *in vivo*라도 동물과 사람 사이에는 확인하기 전까지는 모를 오차가 도사리고 있다.

동물을 이용한 전임상시험이 끝나면 사람을 대상으로 한 임상시험에 들어간다. 임상시험은 1상부터 3상까지 3단계에 걸쳐 규모를 늘려가며 진행한다. 3상이 끝난 후 허가 기관에서 신약 출시를 허가받은 후에도 4상이라고 불리는 사후 추적을 계속한다. 약을 사용하는 환자를 모니터링하며 부작용이 있는지 확인하는 과정이다.

임상'실험'이 아니라 '시험'인 이유는 이것이 실험이 아니기 때문이다. 실험의 기본은 변인 통제지만, 임상시험은 변인 통제가 불가능하다. 실험실에서 실험할 때는 세포주의 배양 기간이나 동물의 나이 같은 변인이 연구자의 통제 아래에 있다. 하지만 사람을 대상으로 임상시험

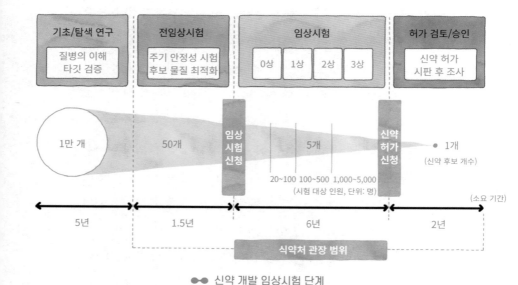

신약 개발 임상시험 단계

을 할 때는 실험실에서만큼 철저하게 변인을 통제할 수 없다. 같은 양의 약물이라도 덩치가 큰 사람과 작은 사람에게서 효험이 다르게 나타날 수 있다. 임상시험에는 또한 동물실험을 통해 확보한 안정성을 사람을 상대로 '시험'한다는 의미도 있다.

임상시험은 다음과 같이 진행된다. 임상 1상은 약물의 최대 투여량을 알아내고 부작용은 없는지 확인하는 단계이다. 약물의 효능을 알기 위한 단계가 아니므로 약효가 필요한 환자가 아니라 약의 부작용에 버틸 수 있는 건강한 사람이 대상이다. 시험 참여자는 약을 복용한 후 병원에서 자리를 지키며 시간마다 채혈한다. 혈액에 남은 약물의 농도를 계산해 약물의 체내 대사 속도를 알아내고, 몸에 문제가 생기면 응급 처치에 들어간다. 인터넷에서 꿀알바로 유명한 임상시험 아르바이트가 1상에 해당한다. 하루이틀 동안 병원에서 아무 일도 하지 않고 시간만 보내면 되다 보니 이런 별명이 붙었다.

그러나 임상 1상의 시험 참여비는 거저 주는 것이 아니다. 임상 1상은 사람에게 한 번도 써보지 않은 약을 처음으로 사람에게 투여하는 시험이다. 전임상시험은 실패해봐야 동물을 희생시키는 것으로 끝나지만, 임상 1상이 실패하면 시험 참여자들이 다치고 심하면 죽는다. 2006년 영국에서 이루어진 신약 후보 물질 TGN1412의 임상 1상 시험이 그랬다. TGN1412는 원래 백혈병 치료제로 개발하던 물질이었다. 시험 참여자들은 원숭이에게 실험한 약물의 양보다 500배나 낮은 농도로 약을 맞았다. 그러나 약물을 맞은 여섯 명 전원에게 면역 과다 반응인 사이토카인 폭풍이 왔고, 이 중 네 명은 다발성 장기 부전이 와서 생명 유지가 안 될 만큼 몸의 여러 장기가 손상되었다. 시험 참여비 2,000파운드(한화 약 350만 원)에 비하면 너무 큰 대가였다.

임상 1상에서 안전성을 확인한 약은 임상 2상에 들어간다. 임상 2상은 환자 수십 명을 대상으로 약효와 적정 용량을 확인하는 단계이다. 2상이 성공하면 1,000명 단위의 대규모 환자에게 임상 3상을 시행한다. 신약의 효능을 시장에 나와 있는 약과 비교하며, 임상 2상의 결과를 확고하게 만든다. 많은 환자가 필요한 단계이기에 임상 3상은 여러 국가에서 동시에 시행한다. 시험에 드는 모든 비용을 제약회사가 부담해야 하므로 상대적으로 비용이 적게 들면서도 치료가 절실한 제3세계 환자들에게 많이 이루어진다. 임상 3상이 성공하면 허가 기관에서 시판을 허가받아 약을 판매한다.

제약회사는 팔고 있는 약이라도 부작용은 없는지 계속 추적할 의무가 있다. 이를 임상 4상이라고 한다. 임상 4상에는 기한이 없다. 수십 년 동안 잘 팔린 약도 어느 날 부작용이 발견되면 시장에서 철수해야 한다. 2010년대 초반 잘 나가던 다이어트 식욕 억제제가 심장질환의 위험성이 있다며 판매 중단된 사례가 있다. 가까운 사람이 먹던 약이 갑자기 먹으면 안 되는 약이 되어 깜짝 놀란 기억이 있다.

약은 본질적으로 사람을 치료하기 위해 개발하는 것이다. 안정성을 허가받지 못한 약이라도 무조건 써야 하는 환자도 있다. 말기 암환자나 응급 환자처럼 당장 생명이 위험한 환자는 임상시험 중인 약이라도 정부의 승인을 받아 사용할 수 있다. 이를 의약품의 '동정적 사용 제도'라고 한다.

이렇듯 사람의 몸에 직접적인 영향을 주는 조치를 '침습적'이라고 한다. 임상시험처럼 약을 몸에 주입하는 것부터 혈액 채취, 개발 중인 화장품을 바르는 것까지 모두 침습적인 연구이다. 반대편에는 사람의 몸을 손상하지 않는 '비침습적' 연구가 있다. 생명을 대상으로 하는 연구는 모두 침습과 비침습 사이에 줄을 세울 수 있다.

침습 연구와 비침습 연구를 나눈다고 하는 대신 줄을 세운다고 했다. 침습과 비침습은 상대적인 개념이기 때문이다. 혈당을 측정한다고 하자. 이전의 침습적 방식으로는 피를 뽑아 혈액 속 당분의 농도를 재야 했다. 비침습적 혈당 측정기는 레이저를 이용해 피부 아래로 흐르는 혈액의 흡광도(흡수되는 빛의 세기)를 측정해 혈당을 측정한다. 그러나 햇빛만 쬐어도 피부는 탄다. 이런 면에서 피부에 레이저를 쏘는 것도 침습적 처치이다. 그래도 바늘을 찌를 때보다야 상처가 덜할 테니 비침습적이라고 말한다.

비침습적 연구의 대표적인 예로 기능적 자기공명영상fMRI을 이용한 뇌 연구가 있다. 자기공명영상MRI은 자기력을 이용해 인체를 구성하는 물 분자의 위치를 읽는 기계이다. 의자도 떠오르게 하는 강력한 자기장에 몸을 맡겨야 하지만, 인체의 단면을 보겠다고 몸을 자르는 것보다는 비침습적이다. fMRI는 뇌를 자기공명영상으로 촬영한 영상에 '기능적'인 부분을 추가한 것이다. 혈액 속 산소 농도를 측정해 뇌에서 활성화된 부분을 확인하는 기법이다.

대학생 시절, 친구 연구실을 도울 겸 fMRI를 이용한 실험에 참여했다. 기기 내부에 들어가 작은 스크린에 나오는 화면을 보는 실험이었다. MRI가 촬영 기기이다 보니 안에서는 몸을 움직이면 안 됐다. 목을 고정한 채 화면에 따라 오른손 손가락 두 개만으로 버튼을 눌렀다. 시끄럽게 웅웅대는 기계 속에서 움직였다가 데이터가 틀어질까 봐 꼼짝도 하지 못했다. 버튼을 누를 때마다 흑백 화면은 조금씩 바뀌는데 실험은 끝날 기미가 보이지 않았다. 굉장히 답답하고 힘들었다. 그래도 누군가의 연구를 도와 뿌듯했고 실험 참여비도 벌었다. 임상 아르바이트보다는 훨씬 적은 돈이었지만, 내 몸도 지켰고 과학에도 기여했다.

비침습적 연구는 간접적인 관찰에서 최대의 정보를 얻는 연구이다. 실험 설계를 아무리 잘하더라도 침습적 연구에서 나오는 데이터를 얻기 어렵다. 피부 한 꺼풀 아래에 흐르는 혈액을 레이저로 측정하는 방식이 피를 뽑는 혈당 측정 방식보다 정확할 수 없다. 아무리 해상도가 좋은 fMRI라도 세포 하나하나의 전기 신호를 측정할 수는 없다. 그럼에도 비침습적 연구를 하는 이유는 사람을 대상으로 하기 때문이다. 당뇨 환자 입장에서는 부정확하더라도 바늘을 덜 꽂는 편이 낫다. 실험실 세포나 생쥐의 뇌였다면 침을 꽂아 전기 신호를 측정하지만, 사람의 뇌에는 침을 꽂을 수 없기에 고액의 fMRI 장비를 이용해야 한다.

오늘날 인체 실험은 정말 엄격하게 시행하고 있다. 설문조사 수준의 비침습적 실험이라도 윤리위원회의 승인을 거쳐야 한다. 아무리 대단한 연구라도 윤리 승인을 받지 못했다면 학술지에서 게재 자체를 거부해버린다. 이유는 자명하다. 모든 사람은 평등하며, 사람의 목숨과 고통은 모두 같은 가치를 지닌다. 누군가의 연구를 위해 다른 누군가를 고통에 빠트리거나 그의 몸에 영구적 결손을 주어서는 안 된다. 연구자의 작은 호기심을 해결하는 실험부터 수많은 이를 살리는 연구까지 기준은 같아야 한다.

자기 연구에 자신의 몸을 쓰면 안 되는 이유도 비슷하다. 연구자의 생명도 환자의 생명만큼 소중하다. 게다가 자기 몸을 연구에 바치겠다는 결단이 연구를 향한 불타는 의지에서 나온 것인지, 논문에 목을

매는 절박함에서 나온 것인지 구분할 수 없다. 2000년대 초반 황우석의 인간 배아줄기세포 실험은 연구원들이 '기증'한 난자로 이루어졌다. 황우석이 여자여서 자신의 난자를 사용했다고 하더라도 문제가 사라지지는 않는다.

안타깝게도 윤리 명제가 연구자의 호기심에 덮인 사례는 넘치게 많다. 일제강점기 일본군 731 부대가 조선인 포로에게 가했던 생체 실험은 차라리 괴담이면 좋겠다. '터스키기 매독 실험'이라고, 1930년대 미국 정부가 터스키기에 살던 흑인들에게 가짜 약을 먹이며 매독 감염 양상을 실험한 사례도 있다. 각자 책 한 권씩은 나올 과학의 흑역사다. 이 책에서도 헬라세포와 HEK293 세포라는 생명과학의 부끄러운 과거를 소개했다. 세월이 흐르며 윤리 기준이 엄격해지긴 하지만, 보통은 더 높은 윤리 기준이 세워지기 전에 누군가 새로운 연구를 저지른다. 2018년 중국의 과학자 허젠쿠이가 유전체 편집 기술을 이용해 세 명의 아이를 탄생시켰다. 이 일로 3년을 복역한 허젠쿠이는 다시는 이런 실험을 하지 않겠다고 했지만, 그가 만든 유전자 편집 아이는 이제 학교에 들어간다. 아이들이 앞으로 어떤 삶을 살지는 아무도 모른다.

몸을 벗어난 생명은 생명을 최소한으로 희생하며 생명의 비밀을 푸는 방법이다. 역분화 줄기세포를 신경세포로 분화시키거나, 세포를 재료로 뇌 오가노이드를 만들면 태아를 꺼내 관찰하지 않고도 사람 뇌의 발생 과정을 연구할 수 있다. 장기칩이 충분히 발전한다면 전임상시험마다 수십 마리씩 죽던 동물들이 죽지 않게 된다. 임상시험에서 발생

할 사고도 줄어든다. 언젠가 선거 슬로건에서 '사람이 먼저다'라는 문구를 보았다. 생명과학 연구에서는 사람이 마지막이다. 생명과학 연구에서 제일 먼저 나오는 주인공은 몸을 벗어나 배양접시에 발을 내린 세포이다.

●● 주석과 참고문헌

저자의 말 – 몸을 벗어난 생명이 실험실에 눌러앉은 사연

· 인터넷에 돌아다니는 뉴런과 우주 이미지는 블로그 VC blog 《Blog Archive》 Brain+Universe(visualcomplexity.com)에서 찾았다. 같은 이미지를 차용하되 네트워크 구조의 유사성을 소개한 《한겨레》 기사 〈소우주 속의 소우주' 인간의 뇌… 어느 쪽이 뇌일까〉(2020년 11월 27일)나 《사이언스온SCIENCE ON》 기사 〈인간의 뇌, 놀라울 만큼 우주와 닮았다〉(2020년 11월 20일)도 있다. 실제로 입자 하나하나를 우주라고 생각하는 이론에 대해 알고 싶다면 '프랙털 우주론'을 검색하면 된다.

생명을 꺼내기 전에 알아두어야 할 것들

2 알아낸 생명과 알아갈 생명: 생명과학 전공자는 무엇을 배울까

· 교과 과정은 학교별로 강의명이 조금씩 다르나, 글에서는 서울대학교 생명과학부 학부 커리큘럼을 참고했다. https://biosci.snu.ac.kr/

· 본 장에서 언급한 학문 말고도 생명과학의 연구 분야는 아주 넓다. 분자세포생물학만 하더라도 이 책에서는 다루지 않는 미생물과 식물 세포를 이용해 연구하기도 한다. 동물을 연구하더라도 면역학이나 신경생물학처럼 생리적 기능에 따라 분야를 나누기도 한다.

1장 몸을 벗어난 생명 키우기

1 세포를 키우는 장소: 인큐베이터와 클린 벤치

· 대기 중 이산화탄소 농도는 e-지표누리(https://www.index.go.kr)의 기상청 지구대기감시 보고서 CO_2 연평균 농도 변화 추이를 참고했다. 학생 때는 대기 중 이산화탄소 농도를 0.03퍼센트라고 배웠는데, 어느새 0.04퍼센트가 되었다.

· 클린 벤치와 BSC에 관련된 내용은 에스코코리아 사이트에 제공된 제품안내서를 참고했다. https://escolifesciences.co.kr/

2 세포에게 밥 먹이기: 배지의 기능과 조성

· Yao T, Asayama Y. Animal-cell culture media: History, characteristics, and current issues. Reprod Med Biol. 2017 Mar 21;16(2):99-117.

· FBS에 대해서는 써모피셔사의 기술 참고 라이브러리 'The Basics of Fetal Bovine Serum Use in Cell Culture'를 참고했다.

https://www.thermofisher.com/kr/ko/home/references/gibco-cell-culture-basics/cell-culture-environment/culture-media/fbs-basics.html

· 혈액에서 변형 프리온을 검출하는 방법은 여전히 연구 중인 영역이다. 2016년 미국의 연구진이 혈액 내 프리온 검출 방법을 개발했다고 발표했으나, 아직까지 후속 연구 결과가 없는 것을 보아 산업에 활용할 만큼 개발되지는 않은 것 같다. Detection of prions in blood from patients with variant Creutzfeldt-Jakob disease. Concha-Marambio L, Pritzkow S, Moda F, Tagliavini F, Ironside JW, Schulz PE, Soto C. Sci Transl Med. 2016 Dec 21;8(370):370ra183.

· 국제혈청산업협회International serum industry association는 변형 프리온이 혈청을 통해 전파되는 증거는 없다고 주장하고 있다. 또한 설령 소가 광우병에 걸렸어도 혈액을 통해 전염되지는 않는다고도 주장한다.

3 연구를 망치는 오염: 세포 배양에서 생기는 미생물 감염

· 공룡 DNA 연구의 원 논문은 Woodward SR, Weyand NJ, Bunnell M. DNA sequence from Cretaceous period bone fragments. Science. 1994 Nov 18;266(5188):1229-32. 이며, 반박 논문은 Hedges SB, Schweitzer MH. Detecting dinosaur DNA. Science. 1995 May 26;268(5214):1191-2; 이다. 《뉴욕타임스》가 〈Critics See Humbler Origin of 'Dinosaur' DNA〉라는 기사에서 이 사태를 요약했다.

https://www.nytimes.com/1995/06/20/science/critics-see-humbler-origin-of-dinosaur-dna.html

· 구리의 항균 작용에 관해서는 다음 논문을 참고했다. Grass, G., Rensing, C., & Solioz, M. (2011). Metallic copper as an antimicrobial surface. Applied and environmental microbiology, 77(5), 1541-1547.

4 생명을 몸에서 꺼내는 방법: 일차 배양의 역사와 방법

· Verma, A., Verma, M., & Singh, A. (2020). Animal tissue culture principles and applications. Animal Biotechnology, 269-293.

· Magdalena Jedrzejczak-Silicka (2017). History of Cell Culture. In (Ed.), New Insights into Cell Culture Technology. IntechOpen. https://doi.org/10.5772/66905

· Brewer, G., Torricelli, J (2007). Isolation and culture of adult neurons and neurospheres. Nat Protoc 2, 1490-1498.

· Park, S., Mali, N.M., Kim, R. et al (2021). Clonal dynamics in early human embryogenesis inferred from somatic mutation. Nature 597, 393-397.

2장 실험실에 도착한 생명

1 헬라세포의 영생 비결: 불멸화 세포주 개발과 헬라세포 70년의 역사

· 헨리에타 랙스가 헬라세포가 되는 과정은 레베카 스클루트가 쓴 《헨리에타 랙스의 불멸의 삶The Immortal Life of Henrietta Lacks》(꿈꿀자유, 2023)을 참고했다. 과학이 윤리를 무시한 역사로 이만큼 큰 사례도 없다. 세포 연구를 시작하는 모든 이에게 추천하는 책이다.

· 윤리적 문제를 논외로 하고, 헬라세포가 생명과학 역사에 공헌한 바는 미국 국립보건원NIH 사이트 HeLa Cells 페이지에 'Significant Research Advances Enabled by HeLa Cells'라는 제목으로 정리되어 있다.

· 헬라세포의 염색체를 분석하여 발표한 논문 LAVAPPA, K. S., MACY, M. L., & SHANNON, J. E. (1976). Examination of ATCC stocks for HeLa marker chromosomes in human cell lines. Nature, 259(5540), 211-213.

· 헬라세포의 유전체 분석 논문 Landry, J. et al., The Genomic and Transcriptomic Landscape of a HeLa Cell Line, G3 Genes|Genomes|Genetics, Volume 3, Issue 8, 1 August 2013, Pages 1213-1224.

· 헬라세포가 도구로 쓰이는 예시 연구

– Fermie, J., de Jager, L., Foster, H. E., Veenendaal, T., de Heus, C., van Dijk, S., ... & Liv, N. (2022). Bimodal endocytic probe for three-dimensional correlative light and electron microscopy. Cell Reports Methods, 100220.

– Kaufman, T., Nitzan, E., Firestein, N., Ginzberg, M. B., Iyengar, S., Patel, N., ... & Straussman, R. (2022). Visual barcodes for clonal-multiplexing of live microscopy-based assays. Nature Communications, 13(1), 1-17.

– Ho, K. K., Murray, V. L., & Liu, A. P. (2015). Engineering artificial cells by combining HeLa-based cell-free expression and ultrathin double emulsion template. In Methods in cell biology (Vol. 128, pp. 303-318). Academic Press.

2 코로나19 치료에 등장한 태아 조직: 실험실의 세포 공장, HEK293

· 〈트럼프의 코로나19 치료제는 태아 조직에서 유래한 세포로 시험되었다Trump's Covid treatments were tested in cells derived from fetal tissue〉, 《뉴욕타임스》, 2020년 10월 기사.

https://www.nytimes.com/2020/10/08/health/trump-covid-fetal-tissue.html

· 〈낙태 반대론자 트럼프, 정작 낙태 배아 세포서 얻은 코로나19 치료제 복용 후 극찬〉, 《동아사이언스》, 2020년 10월 기사.

https://www.dongascience.com/news.php?idx=40499

· Graham, F. L., Smiley, J., Russell, W. C., & Nairn, R. (1977). Characteristics of a human cell line transformed by DNA from human adenovirus type 5. Journal of general virology, 36(1), 59–72.

· Abaandou, L.; Quan, D.; Shiloach, J. Affecting HEK293 Cell Growth and Production Performance by Modifying the Expression of Specific Genes. Cells 2021, 10, 1667.

· HEK293이 대중에게 알려진 사건이 하나 더 있다. '인보사 사태'이다. 2017년 코오롱생명과학은 관절염 치료제 인보사를 개발해 판매했으나 1년 6개월 만에 허가가 취소되었다. 성분 분석 결과 허가받은 연골 유래 세포 대신 신장세포가 나왔기 때문이다. 인보사의 주성분인 신장세포가 HEK293 세포의 변종인 GP2-293이다. HEK293이 연구 과정에서 어떻게 쓰이는지 알면 왜 이런 사건이 일어났는지 짐작할 수 있다.

· 단백질을 생산하는 데 주로 쓰이는 세포주는 HEK293을 한 단계 변형한 HEK293T 세포주이다. 반세기 전 탄생한 HEK293 세포주는 목적에 따라 여러 가지 변종으로 최적화되었다. 글에서는 편의를 위해 HEK293의 변종을 따로 구별하지 않았다.

· 코로나 연구에 HEK293이 쓰이는 사례는 이 기고문을 주로 참고했다. 〈인간 태아 세포주로 개발된 코로나19 백신을 이용하는 윤리 지침Moral guidance on using COVID-19 vaccines developed with human fetal cell lines〉 https://www.thepublicdiscourse.com/2020/05/63752/

3 주사 한 방에 햄스터 기운이 솟아나요: 바이오 산업을 책임지는 CHO 세포

· 동물 한 마리의 무게가 아니라 세포 수로 계산하면 그 크기는 턱없이 작아진다. 리터당 100만 개의 세포를 배양한다고 할 때 송도 공장 햄스터 세포 수는 반려동물 1,800마리의 세포 수와 같다. 세포 배양액과 몸의 밀도 차이 때문이다. 배양액은 몸보다 밀도가 훨씬 낮다. 배양용 세포 수를 아무리 늘려도 배지가 조금 탁해질 뿐이다. 고양이가 아무리 액체처럼 움직여도 진짜 액체보다는 밀도가 높다.

· 글에 쓰인 산업체 규모의 통계는 아래 사이트를 참고했다.

– 글로벌 바이오 의약품 시장

https://www.mordorintelligence.com/industry-reports/global-biopharmaceuticals-market-industry

– 글로벌 스마트폰 시장

https://www.marketdataforecast.com/market-reports/smartphone-market)

– 의약품 판매량

https://www.statista.com/statistics/258022/top-10-pharmaceutical-products-by-global-sales-2011/

· CHO 세포의 유래와 역사에 대한 내용은 미국 과학사 연구소에서 2015년 겨울자로 발간한 《LSF Magazine》 중 〈A brief history of cho cells〉와 아래 두 논문을 참고했다.

– Matasci, M., Hacker, D. L., Baldi, L., & Wurm, F. M. (2008). Recombinant therapeutic protein production in cultivated mammalian cells: current status and future prospects. Drug Discovery Today: Technologies, 5(2-3), e37-e42.

- Dumont, J., Euwart, D., Mei, B., Estes, S., & Kshirsagar, R. (2016). Human cell lines for biopharmaceutical manufacturing: history, status, and future perspectives. Critical reviews in biotechnology, 36(6), 1110-1122.

· CHO 세포로 만든 최초의 단백질 의약품 '액티바제' 정보

https://www.activase.com/ais/dosing-and-administration/reconstituting.html

· http://biomanufacturing.org/uploads/files/547998065159985597-cho-history.pdf

· 생명공학은 DNA 전달체vector에 '원하는 유전자'만 바꿔 끼워 세포에 주입하는 방식으로 표준화되었다. 전달체 DNA를 끊은 후 필요한 유전자를 넣고 이어 붙이면 된다. 대장균을 이용해 DNA를 늘리는 과정을 클로닝cloning이라고 하고, 필요한 유전자를 바꿔 끼워 늘리는 과정을 서브클로닝subcloning이라고 한다. DNA 전달체가 표준화된 현재는 클로닝이라고 하면 보통 서브클로닝을 의미한다.

· 글이 너무 어려워질까 봐 고유명사를 자제했다. 좀 더 자세히 알고 싶은 독자를 위해 이름을 적어둔다. 슈미케가 연구하던 항암제는 메소트렉세이트Methotrexate, MTX이다. MTX는 이수소 엽산 환원 효소Dihydrofolate Reductase, DHFR의 저해제이다. DHFR은 DNA 중 Tthymidine 염기를 만드는 데 필요한 효소이다. DHFR이 없는 CHO 세포라도 배지에 T 염기가 있으면 살아갈 수 있으며, 그러므로 배지에 있던 T 염기를 없애 원하는 유전자가 주입된 CHO 세포를 선별하고, MTX를 배지에 넣어 유전자를 증폭시킬 수 있다. CHO 세포의 유전자를 증폭하는 또 다른 방식으로 글루타민 합성 효소glutamine synthetase와 효소의 저해제 MSXMethionine Sulfoximine를 이용하기도 한다.

4 iPSC는 애플의 신제품이 아니다: 줄기세포를 배양하던 줄기세포 대학원생

· Takahashi, K., & Yamanaka, S. (2006). Induction of pluripotent stem cells from mouse embryonic and adult fibroblast cultures by defined factors. cell, 126(4), 663-676.

· 2024년 기준 3만 번 이상 인용된 위의 《셀》 논문 이외에도 야마나카 신야의 자서전 《가능성의 발견山中伸彌先生に゛人生とiPS細胞について聞いてみた》(해나무, 2013년)을 참고했다.

· Sonntag, K. C., Song, B., Lee, N., Jung, J. H., Cha, Y., Leblanc, P., ... & Kim, K. S. (2018). Pluripotent stem cell-based therapy for Parkinson's disease: Current status and future prospects. Progress in neurobiology, 168, 1-20

· Tewary, M., Shakiba, N., & Zandstra, P. W. (2018). Stem cell bioengineering: building from stem cell biology. Nature Reviews Genetics.

3장 생명을 눈으로 보는 방법

1 책상보다 크고 비싼 현미경: 세포를 보는 기기와 기술

초고해상도 현미경에 대해서는 2014년 노벨상 수상 정보(https://www.nobelprize.org/prizes/chemistry/2014/summary/)와 《한겨레 사이언스온》(http://scienceon.hani.co.kr/?mid=media&act=dispMediaListArticles&tag=%EB%85%B8%EB%B2%A8%ED%99%94%ED%95%99%EC%83%81&document_srl=200048) 등을 참고했다.

2 세포와 형광 크레파스: 세포를 염색하는 여러 가지 방법

· 2008년 노벨상 수상 정보

https://www.nobelprize.org/prizes/chemistry/2008/summary/

· Zimmer M. GFP: from jellyfish to the Nobel prize and beyond. Chem Soc Rev. 2009 Oct;38(10):2823-32. doi: 10.1039/b904023d. Epub 2009 Jun 15. PMID: 19771329.

Ahn, J. H., Kim, J., Hong, S. P., Choi, S. Y., Yang, M. J., Ju, Y. S., ... & Koh, G. Y. (2021). Nasal ciliated cells are primary targets for SARS-CoV-2 replication in the early stage of COVID-19. The Journal of clinical investigation, 131(13).

3 표본실의 청개구리는 왜 포르말린에 담겼나: 세포 고정에서 조직투명화까지

· 죽은 세포가 스스로를 분해하는 과정은 자가분해autolysis라고 한다.

· 포름알데히드의 고정 원리를 자세히 말하자면 단백질을 구성하는 아미노산 사이사이에 다리 cross-linking를 놓는 것이다. 아미노산은 양 옆 아미노산과 펩타이드 결합을 해서 긴 사슬을 만들고, 펩타이드 사슬이 뭉쳐 복잡한 단백질 구조를 이룬다. 포름알데히드는 펩타이드 결합으로 엮이지 않은 인접한 아미노산을 연결해서 단백질 전체를 단단히 붙들어놓는다.

· Weiss, K. R., Voigt, F. F., Shepherd, D. P., & Huisken, J. (2021). Tutorial: practical considerations for tissue clearing and imaging. Nature protocols, 16(6), 2732-2748

4 실험실의 젓가락은 책상보다 크다: 세포를 분석하고 분류하는 유세포 분석

· 유세포 분석을 이해하는 데는 생물학연구정보센터BRIC에 박은총 선생님이 올린 〈후배에게 주고 싶은 면역학 연구 노트〉의 도움이 컸다. 연구자가 유세포 분석을 이해하고 연구에 적용할 수 있도록 쓰인 좋은 글이다.

https://www.ibric.org/myboard/read.php?Board=news&id=318609&SOURCE=6

· 유체역학에서 유체의 점성과 밀도와 유속은 '레이놀즈 수Reynolds number'로 합쳐질 수 있다. 유체역학적으로 유리는 점도가 매우 높고 유속이 매우 낮은 유체이다. 어떤 액체든 유속을 높여 유리의 레이놀즈 수를 맞추면 유리와 같은 특성을 갖게 할 수 있다. 뭉뚱그려서 말하면, 생리식염수

를 빠르게 흘리면 유리관만큼 단단한 관을 만들 수도 있다. 생리식염수로 노즐을 만드는 기술을 hydrodynamic focusing이라고 한다.

4장 몸을 벗어난 생명, 몸을 만드는 생명

1 실험실에서 만든 시제품 생명: 생명 발생을 본떠 만든 오가노이드

· Lancaster, M. A., & Knoblich, J. A. (2014). Organogenesis in a dish: Modeling development and disease using organoid technologies. Science, 345(6194).

· STEMCELLS사에서 업로드한 오가노이드 배양 프로토콜 영상
https://www.youtube.com/watch?v=SvnX9NJ1Zuo

· Gilbert, S. F., & Barresi, M. J. F. (2020). Developmental biology.
https://www.nature.com/articles/d41586-021-00681-0

· Youk, J., Kim, T., Evans, K. V., Jeong, Y. I., Hur, Y., Hong, S. P., ... & Lee, J. H. (2020). Three-dimensional human alveolar stem cell culture models reveal infection response to SARS-CoV-2. Cell Stem Cell, 27(6), 905-919.

· Muñoz-Fontela, C., Dowling, W.E., Funnell, S.G.P. et al. Animal models for COVID-19. Nature 586, 509 - 515 (2020).

2 실험실 생명으로 몸 만들기: 3차원 세포 배양, 바이오프린팅, 장기칩

· 3차원 배양 관련해서는 아래 두 논문을 참고했다.

- Sayde, Tarek & El Hamoui, Omar & Alies, Bruno & Gaudin, Karen & Lespes, Gaetane & Battu, Serge. (2021). Biomaterials for Three-Dimensional Cell Culture: From Applications in Oncology to Nanotechnology. Nanomaterials. 11. 481. 10.3390/nano11020481.

- Edmondson, R., Broglie, J. J., Adcock, A. F., & Yang, L. (2014). Three-dimensional cell culture systems and their applications in drug discovery and cell-based biosensors. Assay and drug development technologies, 12(4), 207-218.

· 바이오프린팅에 관해서는 아래 논문 및 식약처 세포-지지체 복합 제품의 평가 가이드라인 등을 참고했다.

- Ren, Y., Yang, X., Ma, Z., Sun, X., Zhang, Y., Li, W., ... & Wang, J. (2021). Developments and opportunities for 3D bioprinted organoids. International Journal of Bioprinting, 7(3).

- Murphy, S. V., & Atala, A. (2014). 3D bioprinting of tissues and organs. Nature biotechnology, 32(8), 773-785.

- 3D 프린팅을 이용한 모델 장기 연구로는 K-bioX의 최수지 박사의 소개 영상이 큰 도움이 되었

다. 논문의 supplementary information에는 바이오프린팅된 채 실제로 박동하는 심실 모형 영상이 있다. https://www.youtube.com/watch?v=Ml-D2TCy0cc

- Choi, S., Lee, K. Y., Kim, S. L., MacQueen, L. A., Chang, H., Zimmerman, J. F., ... & Parker, K. K. (2023). Fibre-infused gel scaffolds guide cardiomyocyte alignment in 3D-printed ventricles. Nature Materials, 22(8), 1039-1046.

· 폐가 몇 개의 세포로 되어 있는지 세어본 논문들

- Ochs M, Nyengaard JR, Jung A, Knudsen L, Voigt M, Wahlers T, Richter J, Gundersen HJ. The number of alveoli in the human lung. Am J Respir Crit Care Med. 2004 Jan 1;169(1):120-4. doi: 10.1164/rccm.200308-1107OC. Epub 2003 Sep 25. PMID: 14512270.
- Crapo, J. D., Barry, B. E., Gehr, P., Bachofen, M., & Weibel, E. R. (1982). Cell number and cell characteristics of the normal human lung. American Review of Respiratory Disease, 126(2), 332-337.

· 3D 프린터를 이용해 만든 미니 오가노이드 배양기: Qian, X., Nguyen, H. N., Song, M. M., Hadiono, C., Ogden, S. C., Hammack, C., ... & Ming, G. L. (2016). Brain-region-specific organoids using mini-bioreactors for modeling ZIKV exposure. Cell, 165(5), 1238-1254.

· 장기칩 관련 자료

- Leung, C. M., De Haan, P., Ronaldson-Bouchard, K., Kim, G. A., Ko, J., Rho, H. S., ... & Toh, Y. C. (2022). A guide to the organ-on-a-chip. Nature Reviews Methods Primers, 2(1), 33.
- Kim, H. J., Huh, D., Hamilton, G., & Ingber, D. E. (2012). Human gut-on-a-chip inhabited by microbial flora that experiences intestinal peristalsis-like motions and flow. Lab on a Chip, 12(12), 2165-2174.
- 서수영, 신약 개발의 새로운 패러다임, 생체 모사 장기칩 기술 동향(코센 동향보고서). https://kosen.kr/info/kosen/REPORT_0000000002374

3 실험실 생명의 시식 행사: 배양육의 원리와 전망

· 배양육 생산 공정

- Post, M. J., Levenberg, S., Kaplan, D. L., Genovese, N., Fu, J., Bryant, C. J., ... & Moutsatsou, P. (2020). Scientific, sustainability and regulatory challenges of cultured meat. Nature Food, 1(7), 403-415.
- Stout, A. J., Kaplan, D. L., & Flack, J. E. (2023). Cultured meat: creative solutions for a cell biological problem. Trends in Cell Biology, 33(1), 1-4.
- Yang, O., Qadan, M., & Ierapetritou, M. (2020). Economic analysis of batch and continuous biopharmaceutical antibody production: a review. Journal of pharmaceutical innovation, 15, 182-200.

· 2013-2021 사이의 배양육의 가격 추이

https://www.statista.com/statistics/1380452/price-of-cultivated-meat

· 배양육의 이상적인 가격 Garrison, G. L., Biermacher, J. T., & Brorsen, B. W. (2022). How much will large-scale production of cell-cultured meat cost?. Journal of Agriculture and Food Research, 10, 100358.

· 통계청 농축산물생산비조사 한우 비육우 두당 사육 현황

https://kostat.go.kr/board.es?mid=a10301080600&bid=227

· 국립축산과학원 축산실용기술모음, 육계사육 기간별 체중변화 및 닭고기 수율변화, 2016년 8월 31일.

https://www.nias.go.kr/front/contview3.do?cmCode=M170106113356833&cntntsNo=202337&mainCategoryCode=387004

5장 실험실 안팎의 생명

1 이 연구를 *Mus musculus*에게 바칩니다: 생명과학 연구에 생쥐가 필요한 이유

· 잭슨연구소는 다양한 질환을 연구하는 연구소이자, 전 세계에 유전자 조작 생쥐를 공급하는 비영리기관이다. https://www.jax.org/

· 식품의약품안전처(mfds.go.kr) 신약 개발 R&D 과정: 의약품안전나라 〉 의약품등 정보 〉 제네릭의약품 〉 제네릭 및 생동성이란 〉 의약품 개발 및 허가과정

2 사람이 먼저다? 사람은 마지막이다: 사람을 대상으로 이루어지는 연구

· TGN1412는 면역세포의 일종인 T세포의 CD28 수용체에 결합해 세포를 활성화하는 물질이었다. 문제는 인간 T세포는 전임상시험에 쓰인 마카크 원숭이의 T세포보다 CD28 수용체가 많았다는 것이다. 임상에서 시작한 킬로그램당 0.1밀리그램 용량은 사람 몸에 있는 T세포의 90퍼센트를 활성화하는 양이었다. TGN1412에 대해서는 필리프 데트머의 저서 《면역Immune: A Journey into the Mysterious System That Keeps You Alive》(사이언스북스, 2022년)에서 처음 알았고, wikipedia의 Theralizumab 문서를 참고했다.

· 인체유래물연구에 대한 내용은 국가생명윤리정책원 기관생명윤리위원회 정보포털(https://irb.or.kr/MAIN.aspx)을 참고했다.

본문 이미지 출처

5p

− 뉴런 사진: Mark Miller의 Flikr

− 우주 암흑물질 밀도 시뮬레이션 사진

Springel, V., White, S. D. M., Jenkins, A., Frenk, C. S., Yoshida, N., Gao, L., Navarro, J., Thacker, R., Croton, D., Helly, J., Peacock, J. A., Cole, S., Thomas, P., Couchman, H., Evrard, A., Colberg, J., & Pearce, F. (2005). Simulations of the formation, evolution and clustering of galaxies and quasars. Nature, 435(7042), 629−636.

26p− https://commons.wikimedia.org/wiki/File:Binder_CB_210_incubator_interior.jpg?uselang=ko

35p− https://commons.wikimedia.org/wiki/File:A_cell_culture_plate_with_induced_pluripotent_stem_cells_(46291373491).jpg

74p(위 사진)− https://commons.wikimedia.org/wiki/File:HEK_293.jpg

79p− https://commons.wikimedia.org/wiki/File:SARS−CoV−2_without_background.png

84p− https://commons.wikimedia.org/wiki/File:Brown_Chinese_Hamster.jpg

89p− https://en.wikipedia.org/wiki/Suspension_culture#/media/File:Cells.jpg

99p(위 사진)− https://commons.wikimedia.org/wiki/File:Undirected_love.jpg

31p, 115p− 저자 직접 촬영

67p, 74p(아래 사진), 99p(아래 사진), 119p, 124p, 127p

− 웰컴 재단 소장품: https://wellcomecollection.org/

134p− IBS 혈관연구단 제공

163p− 카이스트 윤기준 교수 연구실 제공

178p

− https://commons.wikimedia.org/wiki/File:Organovo_BioPrinter.jpg

− https://commons.wikimedia.org/wiki/File:Ultimaker_History_−_6_Ultimaker_2.png

197p

− https://commons.wikimedia.org/wiki/File:Lab_mouse_mg_3154.jpg

− https://commons.wikimedia.org/wiki/File:%D0%9F%D0%BE%D0%B4%D0%BE%D0%BF%D1%8B%D1%82%D0%BD%D0%B0%D1%8F_%D0%BC%D1%8B%D1%88%D1%8C.jpg

실험실로 간 세포

몸을 벗어난 생명, 오늘의 생명과학을 이루다

1판 1쇄 발행 | 2024년 7월 12일
1판 2쇄 발행 | 2024년 10월 17일

지은이 | 이지아

펴낸이 | 박남주
편집자 | 박지연
디자인 | 남희정
펴낸곳 | 플루토

출판등록 | 2014년 9월 11일 제2014−61호
주소 | 07803 서울특별시 강서구 마곡동 797 에이스타워마곡 1204호
전화 | 070−4234−5134
팩스 | 0303−3441−5134
전자우편 | theplutobooker@gmail.com

ISBN 979−11−88569−61−8 03470